含章 ⑪ ❤
新实用

阅读图文之美 / 优享健康生活

猫咪轻图鉴

刘锐　主编
含章新实用编辑部　编著

江苏凤凰科学技术出版社·南京

图书在版编目（ＣＩＰ）数据

猫咪轻图鉴 / 刘锐主编；含章新实用编辑部编著
. —南京：江苏凤凰科学技术出版社，2023.2
ISBN 978-7-5713-3352-2

Ⅰ．①猫… Ⅱ．①刘… ②含… Ⅲ．①猫－世界－图
鉴 Ⅳ．①Q959.838-64

中国版本图书馆CIP数据核字(2022)第233417号

猫咪轻图鉴

主　　　编	刘　锐	
编　　　著	含章新实用编辑部	
责 任 编 辑	向晴云	
责 任 校 对	仲　敏	
责 任 监 制	方　晨	

出 版 发 行　江苏凤凰科学技术出版社
出版社地址　南京市湖南路1号A楼，邮编：210009
出版社网址　http://www.pspress.cn
印　　　刷　天津睿和印艺科技有限公司

开　　　本　718 mm×1 000 mm　1/16
印　　　张　13
插　　　页　1
字　　　数　395 000
版　　　次　2023年2月第1版
印　　　次　2023年2月第1次印刷

标 准 书 号　ISBN 978-7-5713-3352-2
定　　　价　49.80元

图书如有印装质量问题，可随时向我社印务部调换。

前言

　　猫咪因具有憨态可掬的形象、或活泼或温柔的性格，逐渐成为人们最熟悉和喜爱的宠物之一。

　　考古研究显示，猫大约在 1 万年前就开始与人类接触了。最早出现猫的地区是西亚和北非，最早开始养猫并奉猫为女神的是古埃及，十字军东征后，欧洲人把猫带回了欧洲饲养。

　　无论是驯养的还是野生的，猫咪这种动物的的确确已经与人类相伴数千年。但在这漫长的时间里，人类与猫咪的关系也发生了翻天覆地的变化。人们曾经把它们当作神明一样崇拜，作为猎手一样重视，也曾经把它们视为恶魔一样杀戮。但不论如何，猫咪最终生存了下来，并至今仍然为许多人所迷恋。它们常常被视为甜美、优雅、性感、神秘和力量的象征，也成为诸多艺术家和作家的灵感来源。

　　本书编写的宗旨是为鉴别猫咪的品种提供指南，为饲养纯种猫提供方法指导，希望可以帮助读者迅速成长为鉴别猫咪品种的高手和养猫达人。书中精心筛选了 35 个品种 174 种纯种猫，详细介绍了每种猫的原产地、祖先、起源时间、外貌特征、性格和饲养技巧等方面的内容。每个品种统一使用中文学名，方便读者辨识、查找。

　　本书是一本具有指导作用的图鉴类书籍，书中为每只猫咪配有多角度的高清彩色图片，细致展现猫咪各部位的特征，方便读者辨认。部分品种的猫咪，其幼猫与成年猫在外观上有较大的差异，书中对这些品种的幼猫外形也进行了细致的特征描述，并配上了幼猫和成年猫的对比图片，为读者提供直观的参考。

　　此外，本书对每种猫咪的饲养、繁育都给出了详细的建议，为读者饲养不同品种的猫咪提供了专业性的指导，让读者可以轻轻松松养出健康、漂亮的纯种猫咪。在本书的编写过程中，我们得到了一些专家的鼎力支持，在此表示感谢！由于编者水平和时间有限，书中难免存在一些不足，欢迎广大读者批评指正。

第 一 章 欧洲猫

挪威森林猫

重点色英国短毛猫

东方短毛猫

沙特尔猫

第二章 亚洲猫

新加坡猫

第三章 北美洲猫

缅因猫

索马里猫

巴厘猫

塞尔凯克卷毛猫

猫咪的世系与特征

猫科动物

　　猫科动物是一种古老的生物，它们最早出现在渐新世（约始于 3400 万年前，终于 2300 万年前）。根据古生物学的研究发现，现代猫科动物最早可以追溯至古食肉类动物中的猫形类动物，在后来漫长的演化过程中，猫形类动物逐渐分化成四个分支，即古猎豹、古猫类、古剑齿虎类和伪剑齿虎类。古猎豹后来进化为现在的猎豹，古剑齿虎类和伪剑齿虎类先后在第三纪灭绝，古猫类则分化为三类——恐猫类、真猫类及真剑齿虎类。到了第四纪冰河时期，恐猫类和真剑齿虎类也相继灭绝，只有真猫类得以幸存，并继续进化发展，直至形成现代猫科动物里的猫亚科和豹亚科动物。在所有的猫科动物中，豹属猫科动物是出现最早、最古老的，而猫属则是出现最晚、最年轻的。

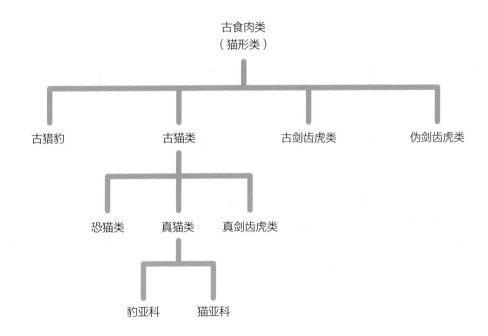

　　如今，猫科动物分布范围非常广泛，除南极洲以外，世界各地都可以看到它们的身影。猫科动物是食肉目动物中肉食性最强的哺乳动物，它们多是高超的猎手，其中的大型成员往往是各地的顶级食肉动物。猫科动物善于隐蔽，多用伏击的方式进行捕猎，这是因为它们身上多有花斑，可以与环境融为一体。但也正是因为这些美丽的斑纹，它们一度遭到人类的捕杀，加上栖息地被破坏等原因，猫科动物的生存曾受到严重威胁。如今，保护动物、维护生态平衡的观念越来越深入人心，猫科动物的生存环境也得到了保护和改善。关于猫科动物的分类，目前仍有许多争议，基因研究对猫科动物的分类提出了比较精确的八个世系的分类法。

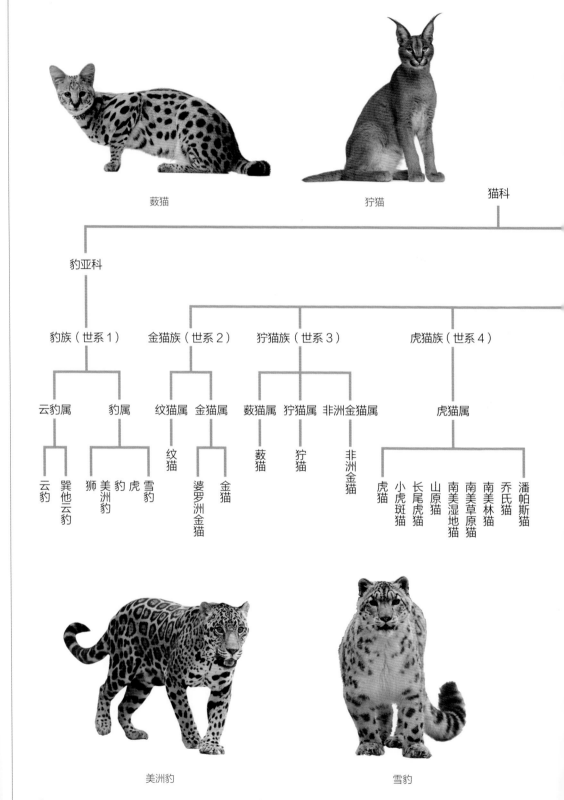

薮猫

狞猫

猫科

豹亚科

豹族（世系1）　金猫族（世系2）　狞猫族（世系3）　虎猫族（世系4）

云豹属　豹属　纹猫属　金猫属　薮猫属　狞猫属　非洲金猫属　虎猫属

云豹　巽他云豹　狮　美洲豹　虎　雪豹　纹猫　婆罗洲金猫　金猫　薮猫　狞猫　非洲金猫　虎猫　小虎斑猫　长尾虎猫　山原猫　南美湿地猫　南美草原猫　南美林猫　乔氏猫　潘帕斯猫

美洲豹

雪豹

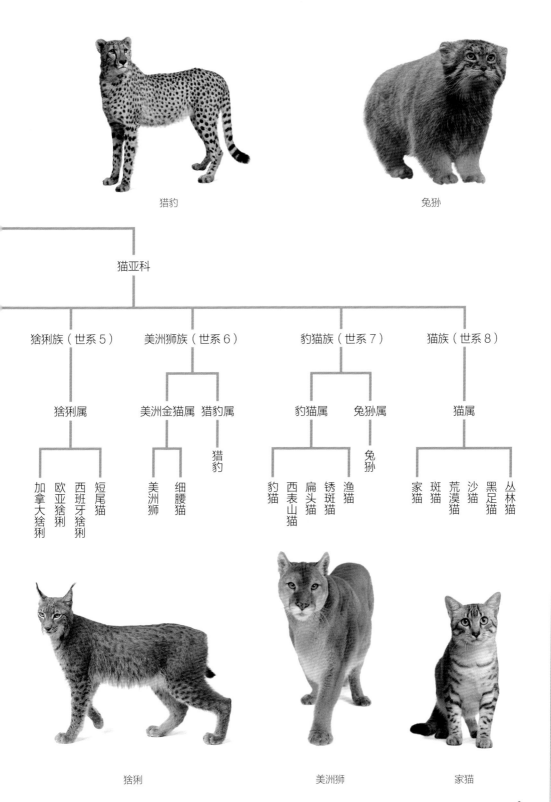

猎豹

兔狲

猫亚科

猞猁族（世系 5）　美洲狮族（世系 6）　豹猫族（世系 7）　猫族（世系 8）

猞猁属

美洲金猫属　猎豹属

豹猫属　兔狲属

猫属

猎豹

兔狲

加拿大猞猁　欧亚猞猁　西班牙猞猁　短尾猫

美洲狮　细腰猫

豹猫　西表山猫　扁头猫　锈斑猫　渔猫

家猫　斑猫　荒漠猫　沙猫　黑足猫　丛林猫

猞猁

美洲狮

家猫

3

猫咪的定义

看到猫咪，不管它们是什么品种，也不管它们的外貌差异有多明显，人们总能在第一时间就判断出它们是猫咪。这是因为，抛开体态、头形、被毛长度等具体形态差异，所有的猫咪都具有一些共同特征，不仅仅包括骨骼结构、身体器官分布上的共同特征，还包括性格特征、生活习性上的一致性。爱运动、擅长捕猎、优雅、孤傲、任性、贪睡几乎是所有猫咪的共性。让我们从下面这张图开始，一起来重新认识一下猫咪。

头：头形是重要的鉴别特征，比如暹罗猫为楔形头，而英国短毛猫的头呈圆形

耳：除折耳猫以外，多数猫咪的耳朵是向上直立的。当猫咪愤怒或者受到惊吓时，耳朵会贴向后方

饰毛：一般猫咪耳内都有饰毛。有些猫咪耳内的饰毛会长得非常浓密

眼睛：形状和颜色不一，但夜视能力都很强

鼻子：无毛区，包括鼻孔。鼻子的颜色一般和被毛颜色相协调

胡须：是猫咪感觉系统的重要组成部分，猫咪以此来判断通道的宽窄

颈：不同的品种，颈部的粗细长短都不同

胸：深度和宽广度因品种而异

大腿：大腿肌肉提供推力，帮助猫咪跳跃

脚：猫咪用脚掌攀爬和抓取猎物，其大小和形状因品种而异

尾巴：尾巴的形状多样，大小、长短不一，在平衡和调整反射方面有重要作用

后脚掌：通常有四趾

前脚掌：通常有五趾，短趾不碰触地面

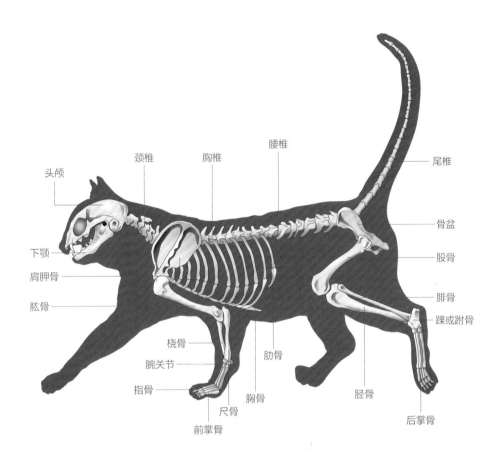

头颅

颈椎 胸椎 腰椎 尾椎

骨盆

下颚 股骨

肩胛骨 腓骨

肱骨 踝或跗骨

桡骨

腕关节 肋骨

指骨 胫骨

尺骨 胸骨 后掌骨

前掌骨

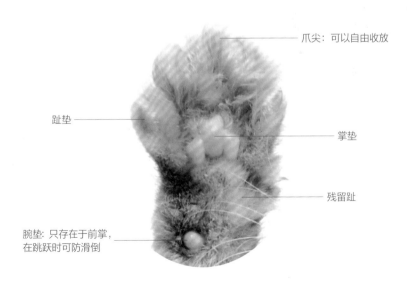

爪尖: 可以自由收放

趾垫 掌垫

残留趾

腕垫: 只存在于前掌,
在跳跃时可防滑倒

5

猫咪的习性和感官

　　我们日常所见到的猫咪，基本都是已经完全被人类驯化的家猫。它们完全适应了家居生活，习惯了与人同住，更安于由主人喂养。不过，虽然它们作为野猫时的绝大部分行为特征都已经消失了，但是有些本能和习性它们至今仍然保留着。

打盹

　　猫咪的一天中有 14~20 小时是在睡眠中度过的，不过其中只有 4~5 小时是真睡。我们不难发现，只要稍有声响，猫咪的耳朵就会动，有人走近的话，它会腾的一下起来。这是因为猫咪本为狩猎动物，为了能敏锐地感知外界的一切动静，它们的睡眠会很浅。

捕猎

　　猫咪警觉性强，擅长隐蔽，动作迅速敏捷，是天生的捕猎高手。即使是家猫，当它们看到会飘、会移动的东西时，也往往情不自禁地扑上去。许多鸟类和哺乳类小动物都逃不过猫爪。

捕捉

　　虽然猫咪有与生俱来的捕猎才能，但是在其幼年时期，它们还是需要观察和学习自己的妈妈和其他成年猫的捕猎方法，然后在不断模仿和练习中提高捕猎本领。绝大部分小猫都喜欢主人对它们进行追踪和捕捉技巧的训练。

攀爬

　　猫咪是行动极其敏捷的攀爬高手，攀爬过程中它们往往四肢并用，而尾巴则起到一定的平衡作用。幼猫需要反复练习才能学会这项本领。

平衡能力

猫咪具有令人惊叹的平衡能力，从高处坠落时，其身体会扭转，使脚先着地。它们的尾巴在平衡身体方面的作用也不可忽视。

爱干净

猫咪舌头上有很多丝状乳头，其表面被一层很硬的角质膜覆盖着，尖端向后，呈锉齿状。猫咪每天都会花时间仔细地梳理自己的毛发，这种梳理主要是用舌头舔的方式来舔除被毛上的污垢和脱落的毛发。

任性、孤傲

猫咪总是有些我行我素，喜欢单独行动，不像狗狗一样会听从主人的命令，集体行动。它们从不将主人视为"领袖"，对其唯命是从，有时候任主人怎么叫它，它都当没听见。

撒娇、优雅

猫咪有任性、孤傲的一面，也有优雅、爱撒娇的一面，这正是它们独特的魅力所在。你不知道它们什么时候会爬上主人的膝头，或者跳到摊开的报纸上冲你撒娇，扮可爱。

气味记号

没有阉割的公猫会在家内外喷洒气味刺鼻的尿液，以划出领地。它们在物体和人身上抓挠、磨蹭，也是在用气味标记领地。

初识、交友

两只猫咪初次见面时会显得很谨慎，有些猫咪甚至会表现出好斗性。但是，一同长大的小猫会成为非常亲密的伙伴，它们大部分时间会一起度过，形影不离。

哺乳、离群

母猫一般都是非常尽职尽责的母亲，它们不允许人类靠近自己的幼崽。当幼猫离群太远的时候，母猫会用嘴把它们叼回来。幼猫在大约 3 周大时可以开始自己进食，到 3 个月大的时候可以完全断奶。

夜视

猫咪眼睛内的视网膜后有一层可以反射光线的细胞，这些细胞使猫咪的眼睛能在黑暗中反光；另外，它们可以迅速地调节自己的瞳孔，使瞳孔变得很大，将极微弱的光线收集到瞳孔内，使它们能在黑暗中看清东西。

猫的毛型

从现在开始，本书会详细地向你介绍鉴别纯种猫和非纯种猫的四个关键点，即猫咪被毛的毛型、毛色、图案以及猫咪的脸形。你可以通过下面的文字介绍和所附的大量图片快速地掌握纯种猫的鉴别方法，并成为鉴别猫咪品种的高手。

毛型是猫咪的独立特征，与颜色无关，它取决于底层被毛、芒毛和护毛的结合方式。如下图所示，猫咪的被毛一般由三种毛发组成：长而粗的护毛，较细但厚实的芒毛，柔软的、绒毛般的底层被毛。但有些猫咪并不是三种毛发都有，比如柯尼斯卷毛猫就没有护毛，所以它们的被毛非常柔软。

底层被毛短而柔软，一般非常
细密，具有很好的保暖作用

芒毛略长、较细、针
状，和柔软的底层被
毛共同构成双层毛

护毛也称初层
毛，是被毛上最
长最显眼的部分

长毛猫

长毛猫以毛长、软、平滑著称。颈部多毛，形如皱领；尾短多毛，毛软、纤细。毛色多样，单色的有白、黑、蓝、红及奶油色等；而带花纹的有烟色、虎斑色、灰鼠皮色、龟板色、蓝奶油色等。长毛猫是相对短毛猫而言的，一般毛长在 10 厘米以上的猫咪方有此称谓，这种猫咪通常身价不菲。

波斯长毛猫：在所有的家猫中，
这个品种的猫咪被毛最长、最密。

缅因猫：底层被毛茂密，外层护毛长度并不一致，
光滑而有层次。背部和四肢的被毛长而浓密，尾部
被毛则像羽毛一样散开，被毛整体显得非常蓬松。

土耳其安哥拉猫：没有底层被毛，被毛紧贴身体。

半长毛猫

半长毛猫也被称为中长毛猫，这种猫咪的被毛长度介于长毛猫和短毛猫之间。与长毛猫相比，半长毛猫的被毛不容易打结，比较好打理，脱毛、掉毛的情况也比长毛猫要好一些；而与短毛猫相比，半长毛猫的被毛看上去更长、更飘逸。因此，它们非常适合喜欢长毛猫，但怕麻烦、不愿意总是打扫猫毛的人饲养。

短毛猫

同为短毛猫，被毛外观和质地也会有非常大的差异。例如暹罗猫和东方短毛猫的被毛细腻，质地光滑而柔软；而俄罗斯蓝猫则是明显的双层被毛，它们的底层被毛短而厚，护毛只是略长一点，外观上被毛直立、短而厚、不贴身体。

东方短毛猫：被毛细腻、质地光滑而柔软。

俄罗斯蓝猫：有着明显的双层被毛，底层被毛短而厚，护毛只是略长一点，所以被毛的手感柔软而光滑。整体外观上被毛直立、短而厚、不贴身体。

英国短毛猫：被毛直立，短而密，不贴身体。被毛过长或过少会被看作缺陷。它们的被毛质地较脆，手感并不柔软，整体外观如地毯一般。

卷毛猫

按国际上的猫咪分类惯例，卷毛猫属于短毛猫。它们的被毛一般短而细，卷曲且柔软，外观上呈波浪状，手感则是柔软光滑的。

柯尼斯卷毛猫：它们没有护毛，所以被毛非常柔软。

德文卷毛猫：三种毛发都有，但护毛和芒毛类似于底层被毛，外观呈波浪状。德文卷毛猫的被毛更为卷曲，但触感上要粗糙一些。

无毛猫

虽然名为无毛猫，但实际上它们并不是真正的无毛，只不过它们的毛发是一些稀疏的、短短的绒毛，比普通猫咪的毛要短得多。一般以身体末端的毛发分布最为明显。

加拿大无毛猫：被毛短而稀疏，为一层短短的绒毛，以身体末端的毛发分布最为明显。

猫的毛色

猫咪毛发的真正颜色是由毛发上的色素决定的，但是也会受光和空气湿度的影响。一般来说，光的作用会使猫咪的毛发颜色变淡，显得比平常颜色要浅一些。潮湿的空气也会影响毛色，比如会使黑色变得偏棕色。同一种颜色也会发生自然的变异，所以同一窝幼猫中，有的猫咪毛发颜色会比较深，而有的则比较浅。

单色

毛色应自毛尖至毛根为单一色，大部分的单一色已经在育猫界获得了公认。不过，色素的重新排列也会使毛色变淡，这也是单色种类的猫咪增多的原因。在单色猫的单根毛发上不应有任何虎斑色条纹。

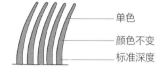

— 单色
— 颜色不变
— 标准深度

白色：白色单色猫被毛上没有色素，但这些猫咪并不是白化种。双亲中如有一个是白色，就有可能生出白色幼猫。

黑色：许多猫咪都是这个颜色，颜色应比较纯，不应有铁锈色或者巧克力色出现。

红色：最初被称为橘色，事实上，繁育者想要培育出的是红色。现在的红色单色猫颜色已经越来越纯正。

黄棕色：黄棕色是一种新颜色，由黑色基因突变而成。

淡化色

顾名思义，这些颜色是一部分相应的浓色淡化出来的结果。在淡化色中，有些地方的色素会比另一些地方少，这种颜色反射出白光，给人一种颜色较淡的视觉感受。

淡紫色：这是巧克力色的淡化色，指的是一种略带粉红色的浅灰色。这种颜色的深度标准也常会发生变化，有些猫咪的颜色会比另一些猫咪的颜色浅。

蓝色：这是黑色的淡化色，比较接近灰色，而不是纯蓝色。不同品种的这个颜色的猫咪，毛色深度也会有所不同。

毛尖色

毛尖色是指被毛几乎是纯色，只有护毛和芒毛的毛尖上有些许颜色。猫咪护毛和芒毛上毛尖色的长度，对被毛的整体外观有着重要的影响。

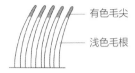

有色毛尖

浅色毛根

鼠灰色金吉拉猫：银色中最浅的一种，它们的毛尖略带黑色。

黑毛尖色英国短毛猫：底层毛色为白色，毛尖为黑色。

渐层色

护毛毛尖上的色素进一步向毛根延伸，但是毛根仍为白色，看上去颜色明显较深。猫咪走动的时候，可以看见其较浅的底层被毛。扒开体毛查看，这种对比会更明显。

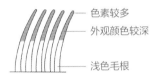

色素较多

外观颜色较深

浅色毛根

银色渐层波斯长毛猫：毛尖的黑色应占整根毛长度的1/3左右。

奶油渐层色凯米尔猫：底层毛色为白色，毛尖为乳黄色。

深灰色

毛尖色、渐层色、深灰色，这三种颜色都是单根被毛上只有上半部分有颜色，而毛根没有颜色。它们的区别在于单根毛上有颜色部分的长短，毛尖色最短，深灰色最长。

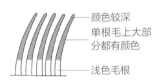

颜色较深

单根毛上大部分都有颜色

浅色毛根

暗蓝灰色波斯长毛猫：外观接近单色猫，猫咪在走动时才能看见其较浅的底层被毛。

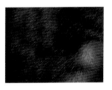

暗灰黑色猫：颜色深浅不一，颜色越深的越受欢迎。

斑纹毛色

也称分裂色，指单根毛发上的颜色分裂成条纹状。这种毛色为猫咪的隐蔽提供了很好的条件。这种毛色的典型代表是索马里猫和阿比西尼亚猫。

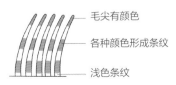

毛尖有颜色

各种颜色形成条纹

浅色条纹

阿比西尼亚猫：斑纹毛色会形成深浅不一且清晰的色泽。

深红色索马里猫：深棕红色毛发上有巧克力色斑纹。

13

猫的被毛图案

很多品种的猫咪被毛图案仍显示出来自祖先的虎斑斑纹。但是，众所周知，所有的特征由基因决定，随着基因学的发展，现在繁育者对猫被毛图案的改良已经有了更广阔的发展空间。他们谨慎地选择种猫，经过连续几代的选择性育种，已经逐渐可以按照自己的要求来改变猫咪的被毛图案了。

双色猫

非纯种猫中双色猫很常见，但繁育者却很难培育出标准花色的双色展示猫咪。最初繁育时，只允许白色和红色、蓝色或乳黄色结合，但现在白色与任何纯色的结合都得到了业界的承认。

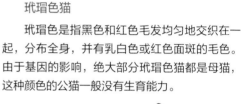

玳瑁色猫

玳瑁色是指黑色和红色毛发均匀地交织在一起，分布全身，并有乳白色或红色面斑的毛色。由于基因的影响，绝大部分玳瑁色猫都是母猫，这种颜色的公猫一般没有生育能力。

玳瑁色白色猫

也称"印花白猫""花斑猫""三花猫"，被毛上有三种颜色：黑色、各种深浅的红色和白色斑块。

蓝乳白色猫

也称"浅玳瑁色猫"，被毛中蓝色取代了黑色，乳色取代了红色。在不同的国家有不同的颜色构成标准，有些人喜欢两种颜色均匀交织，而有些人希望它们是块状的结合。

土耳其梵猫

指有色毛区只出现在尾巴和头部的猫咪。以土耳其猫命名，不过其他品种也有类似毛色。

重点色猫

指脸、耳朵、腿部、脚部和尾部的颜色较深，其他部位颜色较浅的猫咪。重点色的颜色会受体温、被毛长度和气候的影响。一般要求眼睛颜色为蓝色。

标准虎斑猫

也称"墨渍虎斑猫"，特征是每侧肋腹部有大块的黑色牡蛎状毛块，肩部斑纹呈蝴蝶状，尾巴上有多道环纹。

补片虎斑猫

属于玳瑁色虎斑猫，兼有玳瑁色和虎斑色的特点。

鱼骨状虎斑白色猫

指身体沿着脊柱中心处有完整的深色细条纹，另有黑色的条纹沿身体垂直而下，各条纹之间的颜色区是斑纹毛色毛发的猫咪。

斑点猫

指身体上的虎斑斑纹断裂成清晰的椭圆形、圆形或玫瑰花形的斑点，并延伸至尾部的猫咪。

15

猫的脸形

本部分内容详细列出了不同脸形的猫咪的脸部图片，大家可以对照以下图片来判断猫咪属于什么脸形。需要说明的是，猫咪的脸形主要分为三大类：圆脸、楔形脸和介于两者之间的中间脸形。通常猫咪脸形和体形无关，无论是长毛猫还是短毛猫，都有这三种脸形。不过总体来说，圆脸的猫咪体形通常比较矮胖，而楔形脸的猫咪体形通常特别苗条。脸形的特征对性别的区分没有特别的意义。未阉割的公猫可能会有更发达的下颌作为第二性征，或者有颈垂肉，从而显得脸部更胖更大。

长毛猫

圆脸

猫咪的头部又大又圆，头骨结实，头顶宽。耳小，两耳间距较宽，耳位较低。双颊圆而饱满。鼻部一般比较宽、短，鼻梁凹陷。

波斯长毛猫

金吉拉猫

虎斑波斯猫

重点色长毛猫

玳瑁色伯曼猫

伯曼猫

美国卷耳猫

虎斑美国卷耳猫

中间脸形

头部中等长度，比例协调，侧看呈直线或稍有凹陷。耳朵较圆脸猫的耳朵要大一些，间距稍宽，高高地直立在头上。

布偶猫

缅因猫

虎斑缅因猫

挪威森林猫

双色挪威森林猫

索马里猫

土耳其梵猫

土耳其安哥拉猫

西伯利亚猫

楔形脸

脸部呈三角形，颧骨较高，鼻长且直，侧看时脸形突出。耳大且尖，耳间距比圆脸猫和中间脸形猫的都要窄。

巴厘猫

短毛猫

圆脸

脸部圆润，双颊饱满，头顶宽，侧看时前额略呈圆形。鼻短、直、较宽。耳朵小，两耳间距较宽。

美国短毛猫

英国短毛猫

虎斑英国短毛猫

重点色英国短毛猫

欧洲短毛猫

虎斑欧洲短毛猫

异国短毛猫

虎斑异国短毛猫

孟加拉猫

塞尔凯克卷毛猫

苏格兰折耳猫

沙特尔猫

中间脸形

　　头部比例适中，头顶略宽，并逐渐变成稍呈圆形的三角形。耳朵中等偏大，耳根较宽。鼻梁略有凹陷。

俄罗斯蓝猫

孟买猫

奥西猫

阿比西尼亚猫

克拉特猫

拉波猫

玳瑁色拉波猫

缅甸猫

曼赤肯猫

楔形脸

脸形细长，鼻口部明显变窄，侧看时脸呈直线形，长相比较优雅。鼻长而无凹陷，耳大且尖，耳根宽。

加拿大无毛猫

东方短毛猫

哈瓦那猫

埃及猫

暹罗猫

虎斑暹罗猫

柯尼斯卷毛猫

德文卷毛猫

彼得秃猫

养猫需要具备的条件

你的时间

虽说猫咪是一种很独立的宠物，但是它们还没有独立到可以自己做饭和收拾厕所的地步，仍然需要主人花费时间和精力去照顾与陪伴。所以，如果主人是一个人住，工作又很繁忙，总是要忙到半夜才拖着疲惫的身体回家，那么，养猫给主人带来的负担一定会比乐趣更多。而对于猫咪来说，缺少陪伴也会是一件非常痛苦的事。因此，如果没有足够的空余时间和精力，还是建议暂时先按捺住自己养猫的冲动。

你的性格

猫咪是一种优雅、孤傲的动物，它们有自己的个性，不会像狗狗那样听主人的话，也不会不停地向主人示好。它们很任性：高兴了，它们会爬上你的膝头向你撒个娇；不高兴的时候，尤其是当它们在打盹时，想抱它们一下，它们会马上表现出一百个不乐意。当然，这种不乐意不仅仅表现在脸上，还会表现在行动上，大部分猫咪会一脚蹬开你，然后一溜烟就跑掉了。不仅如此，在养猫之前你还要做好心理准备：它们很可能会抓坏你的家具，弄乱你的卧室，因为大部分的猫咪都是贪玩和好动的。总而言之，你要对它们有足够的耐心和爱心。

你的家人和朋友

如果你是和家人或朋友一起住，那么很幸运，能有更多的人帮助你照顾猫咪，他们可以和你一起分享养猫的乐趣。不过，所有这些都建立在你的家人或朋友完全赞同与接纳这个小家伙的前提之下。所以，在你把一只小猫抱回家之前，需要先和家人或朋友做好沟通，确保他们都同意接受这个新成员的加入。因为，确实有些人是不喜欢甚至害怕猫咪的，而有些人还会对猫毛过敏。任何不经过沟通就鲁莽而固执地将小猫私自带回家的行为，都是不值得提倡的。

你的经济条件

养猫在给你带来精神享受的同时，也会给你带来不小的经济负担。你的花费大致包括两方面：一是买猫，猫咪的价格会因其血统、性别、年龄和身体特点（性格、毛色等）而存在差异。二是养猫，从猫咪进门那天起，它的饮食起居就都需要你来安排照顾了。具体费用包括猫粮、零食、玩具、如厕用品和洗护用品等的开销。

猫咪的挑选和养护

如何挑选猫咪

首先，你要确定想养纯种猫还是非纯种猫。纯种猫是经过谨慎选择培育而成的，培育时，繁育者都尽可能地使猫咪的外形符合在品种标准中规定的认可"外形"，所以纯种猫相互之间非常相似。而非纯种猫由于没有固定的血统，就整体外貌来说，会各不相同。当然，如果你只是想要一只健康迷人的宠物猫，那么无论是纯种猫还是非纯种猫，都完全能够满足你。

1. 决定养公猫还是母猫

大部分品种的公猫在成年后体形会比母猫略大。如果你选择了公猫，又不想将它用作种猫，就要对它进行阉割，这样可以防止它离家出走，也可以减少它因打斗而受伤的危险。如果你选择了母猫，又不想让它怀孕，那就需要在猫咪 6 个月大的时候给它做结扎手术。

2. 观察幼猫

做选择之前，你需要花几分钟时间认真观察。机警、有趣、好奇心强、看上去乐于让人靠近的小猫，长大后往往会更健康、可爱。

3. 检查耳朵、眼睛和嘴巴

耳朵应该是干净的，没有耳屎。第三眼睑，即瞬膜不应长过眼睛，也不应有任何分泌物。掰开下颚，看看口内，对于年龄较大的猫咪来说，这一点很重要，因为它们可能会有断牙、牙龈疾病或蛀牙等问题。

4. 检查被毛

分开被毛，仔细检查猫咪身上有没有跳蚤、跳蚤卵或其他寄生虫。如果有的话，最好不要选择。

5. 检查肛门

这一点很重要，抬起猫咪的尾巴查看，肛门区不应有污迹，从这一点可以确认猫咪有没有腹泻现象。

6. 最后选定

买猫咪前后，最好安排兽医对它进行一次健康检查，还应从猫咪之前的主人那里拿到证明幼猫已经接种过疫苗的疫苗手册。如果你买的是纯种猫，还应索要猫咪的血统证书。

如何养护猫

选择猫窝

猫窝就是猫咪睡觉的地方，大体上分两种，屋形的和盆形的。大部分猫咪睡觉时喜欢有顶的屋形窝，无顶的盆形窝大多用于平时躺下休息。宠物店专卖的屋形猫窝外形类似人们用的旅行帐篷，整体呈锥形，开门处也会有一定的倾斜角度。猫咪是很机警的动物，这种猫窝可以起到开阔视野的作用，帮助猫咪消除局促紧张和没有安全感的情绪。家里有条件的最好两种窝各买一个，这样会使猫咪感到舒适放松，保持心情愉快。如不愿意购买专门的猫窝，也可以用废纸箱子改装一下挖个门即可。

选择饮食餐具

猫咪饮食餐具包括食盆和水盆。通常猫咪对自己的餐具非常敏感，所以它的餐具最好不要更换。有的猫咪在换了食盆的情况下会出现拒食或消化不良现象，尤其是老年猫，突然更换餐具会使它感到非常紧张，影响它的健康。所以要在一开始就选坚固耐用、容量足够的餐具。要根据猫咪的品种选餐具，尖脸的猫咪喜欢碗口小而深的（如暹罗猫、美国短毛猫等）；圆脸的猫咪喜欢碗口大的（如英国短毛猫、金吉拉猫等）；平脸的猫咪最好用盘子（如波斯猫、异国短毛猫等），因为它大而扁平的脸无法吃到小口碗里的食物，用盘子会让它感觉舒适，也可以防止因吞咽进过多的空气造成胃胀，影响健康。此外，大碗装的水会弄湿波斯猫下颌和脸颊上的毛。

选择食物

猫咪对食物是十分挑剔的，所以选猫粮是件很头痛的事。市面上五花八门的猫粮大致可分为罐头肉类、半混粮和干粮三种。虽然给猫咪喂猫粮是最安全、科学且快捷方便的办法，但猫粮只应作为猫食的一部分，最理想的猫食是每周添加一至两次新鲜的天然食物，如肉类和鱼类等，这些食物含有许多必需的营养物质，能够为猫咪提供热量及氨基酸等，对猫咪的发育相当重要。但为了防止猫咪感染弓形虫，所有肉类必须煮熟，并切成小块以方便猫咪咀嚼，至于鱼类，主人应小心地把鱼骨、鱼刺剔出来，以防猫咪因吞鱼刺被刺伤。幼猫的饮食则更要特别注意。

训练排便

猫咪是相当爱干净的动物，通常它是不会随地大小便的。猫咪主要是通过嗅觉来确定方便的位置，它第一次在哪里方便，下一次还会去那里，因为那里有排泄物的味道，它已经把那里当成了厕所。你可以训练它到卫生间排便，如果猫咪找了一个不合适的位置大小便，只要立即打扫卫生，去除此地味道，再用消毒水喷一下就可以防止猫咪再次于此地排便。其实训练猫咪排便最简单的办法是准备一个猫砂盆和合适的猫砂，大多数猫咪使用猫砂盆是无师自通的，排便后还会用猫砂将粪便盖上，不过主人需要及时打扫、清理猫砂盆。

绝育手术

手术前要为猫咪剪去趾甲，以避免手术后猫咪抓包扎伤口的纱布以及伤口。手术前还要给猫咪提前补充营养，因为手术后猫咪可能会因疼痛而拒绝进食，营养摄入不足不利于猫咪恢复健康。要注意术前8小时禁食，4小时禁水。手术中要注意麻醉和止痛。手术后不要强迫猫咪进食，并避免猫咪做剧烈运动，比如跳跃，以免伤口开裂，可以将它关在笼子里静养。冬季要注意保暖，给它加个用毛巾裹着的热水袋；夏季注意防暑，可在猫笼上盖湿毛巾。此外，要及时关注猫咪体温变化、排便情况，如果出现伤口发炎感染或者过度疼痛的情况，要及时将它送往医院救治。

生病护理

（1）寄生虫病。3月龄的猫咪可以驱虫，每年2次。使用普通广谱驱虫药即可。猫咪易患绦虫病，平时要少喂食生的肉类、鱼类。

（2）骨折。如果猫咪瘸着腿，走不了路时，主人很难判断到底是皮外伤、骨折，还是脱臼，此时最好别让猫咪乱动，应带它去医院检查。

（3）出血。首先确定伤口的位置，把伤口周围的毛剃掉，然后清洗伤口。出血不多时，用自来水或双氧水（过氧化氢）清洗伤口，然后用绷带包好；出血量大时，除了简单包扎，还应及时送往医院救治。

定期防疫

目前，国内的宠物诊所常给猫咪注射的疫苗有进口的猫三联疫苗和国产猫瘟热疫苗。需要注意的是，只有健康的猫咪才能接种疫苗和接受皮下注射。正常接种疫苗，应每年1次，不能因为猫咪不轻易出门就不接种，或接种2~3次疫苗后就不再接种，这会给病毒的传播提供机会。因为猫咪的主人是要接触外界的，也是传染媒介之一。接种疫苗后1周内最好不给猫咪洗澡，以防过冷或过热引起感冒影响疫苗效果，或者针眼被污染后引起感染。个别免疫力差的猫咪，注射疫苗也不能产生足够的抗体，主人应予重视。

参加猫展的一般流程

展前准备

首先，你需要正确填写参展申请表，并将申请表连同参展费用在报名截止日期前一起寄回。在参展前最好检查猫的疫苗接种是否已经过期。至于参加猫展可以携带何种物品，要视不同的猫展而定，如果有疑问，一定要事先询问清楚。在展出前，务必仔细梳理你的猫咪，确保它能展示出最佳外貌。这里需要说明的一点是，好的展示猫应乐意接受陌生人，不会因陌生人而表现出排斥情绪甚至是大发脾气。所以，你应该在猫咪的成长过程中，随时抚摸它，陪它玩耍，使它乐于并习惯和人类接触。

其次，如果你的猫咪不习惯乘坐交通工具，你应该在参展前就有意识地训练猫咪，使它习惯乘坐汽车或者其他的交通工具，并在此过程中确保它能乖乖地待在猫笼中。前期的训练和适应可以很大程度上减少猫咪在长途旅行中出现不良的情绪或生理不适的可能性。另外，最好在出发的前一天就准备好行李和参展要用的所有物品。

最后需要说明的是，如果猫咪怀孕了，是不能参加展示的；如果猫咪在参展前看上去身体状况不佳，要立刻带它去看医生，尽管可能会因此退出展示。

梳理猫咪被毛

梳理猫咪的被毛，不要等到参展时才进行，主人应在平时就做好猫咪的梳理、清洁工作。尽管猫咪生性都爱干净，它们会用自己粗糙的舌面舔去身上的污垢和脱落的毛发，但这些还不够。主人经常给猫咪梳理、清洁被毛，可以大大减少猫咪身上出现跳蚤、虱子等寄生虫的可能性，同时，也可以很大程度上防止猫咪将毛发吃进胃里，尤其是在脱毛期。在梳理被毛的过程中吃进胃里的毛发会在猫咪胃中形成毛球，长此以往会严重影响猫咪的食欲和健康，对长毛猫来说尤其如此。

梳理长毛猫的工具

| 双齿金属梳 | 除脱毛用的刮刷 | 普通鬃梳 | 金属梳 | 宽齿梳 | 指甲剪 |

1. 梳理脱落的毛发

长毛猫的毛发长而密，脱落的毛发如不及时清理容易打结，选用除脱毛用的刮刷能非常方便地清理出猫咪脱落的毛发。

2. 修整毛发

对于打结影响猫咪外貌的毛发可以适当修剪，最好请专业的宠物美发师来完成。

3. 扑粉梳理

用鬃梳梳理被毛使其蓬松，然后扑粉。但猫展当天猫咪身上不能有粉的残留痕迹。

4. 脸部梳理

用小号刷子或牙刷梳理猫咪脸部的毛发，梳理时小心不要太靠近猫咪的眼睛。

梳理短毛猫的工具

普通鬃梳　　　帮助找到跳蚤　　　橡皮刷　　　　指甲剪　　　　天鹅绒布
　　　　　　　的金属梳子

1. 洗澡

梳理前可以先为猫咪洗个澡。清洗猫咪的脸部时，要用脱脂棉和淡盐水轻轻地在猫的耳、鼻、眼周围进行擦洗。擦洗过程中注意不要弄疼猫咪。

2. 剪猫爪

要选用专用的兽医剪，以防剪裂猫爪。在剪猫爪之前的一段日子里，主人要经常有意识地握猫爪，并轻轻按捏，这样可以使猫咪习惯主人的这个动作，在剪爪的过程中它们会更配合。

3. 梳理

橡皮刷很适合梳理短毛猫，尤其适合卷毛猫，鬃梳也可以。在梳理过程中动作要轻缓，不要太过用力，以免刷掉猫咪的底层被毛。梳理完之后，可以用天鹅绒布摩擦猫毛以上光。

猫展过程

不同国家的猫展，规模和标准会有所不同。在英国，猫展的规模不一，有小型的猫展，也有全国性的大型猫展。在美国，猫咪主人可以在多个注册机构登记，以参加更多的猫展。国际爱猫联合会（简称 CFA）是目前世界最大的纯种猫注册组织，每年会在世界各地举办 400 多次猫展，参展猫的品种达 30 多种。国际爱猫联合会的猫展除了注册猫的组别外，也设有家猫组。以下是参加猫展中要注意的事项。

1. 由于猫展中会有多只猫咪待在同一空间里，所以只有健康的猫咪才能参展，所有的猫咪一到展会现场便要进行体检。

2. 在评审前，多留些时间让猫咪在猫笼或在展示笼中安顿下来，笼中应放有干净的猫砂、水盆和毯子等。主人这时要检查好笼子标示的号码，它和猫咪身上号码牌的数字一定是相同的。

3. 主人这时还可以对自己的猫咪进行最后的梳理，再检查一下猫咪的眼睛、耳朵、鼻子、肛门和尾巴上是否有灰尘或分泌物等，确保猫咪的外貌处在最佳状态。

4. 评审时，猫咪会被带到评审桌上，裁判会依照品种的得分标准进行评分。评审的评语和猫咪获得的名次会呈现在记分牌上。

优胜者

参赛猫获胜后便可拥有一定的地位和身价。国际爱猫联合会的猫展分四个组别进行比赛：幼猫组，4~8 个月大的幼猫；成猫组，8 个月以上的未绝育成年猫；绝育猫组，8 个月以上的绝育成年猫；家猫组，没有在 CFA 登记的猫。在成年猫组及绝育猫组中，猫咪会再被分为公开组、冠军组和超级冠军组三组进行比赛。

欧洲猫

欧洲猫是指原产地位于欧洲的猫咪。
本章所选猫咪的品种有波斯长毛猫，如白色猫；
挪威森林猫，如棕色虎斑白色猫；
英国短毛猫，如蓝色猫；
欧洲短毛猫，如玳瑁色白色猫；
东方短毛猫，如哈瓦那猫；
德文卷毛猫，如海豹色重点色猫等。

波斯长毛猫

又称波斯猫、波丝猫

　　波斯长毛猫诞生于19世纪80年代。它们举止优雅，相貌迷人，体态华丽高贵，有"猫中王子""猫中王妃"之称。其叫声纤细柔美，少动好静，从维多利亚时代开始便受到人们的欢迎，维多利亚女王就养过这种猫，这使其声名远扬。后来经过培育繁殖，其颜色、品种越来越多，但与早期相比，它们的外貌发生了一些变化，脸更扁、更圆，耳朵更小，被毛更加茂密。

白色猫

　　在欧美地区，最早的波斯长毛猫为白色。白色猫的眼睛颜色不一，通常是蓝眼、橘眼和鸳鸯眼。所谓鸳鸯眼（也称怪眼），即一只眼睛是蓝色，一只眼睛是橘色。最早的白色猫的眼睛都是蓝色的，橘眼及鸳鸯眼是后来由白色猫和其他猫杂交得来的。不幸的是，它们的蓝眼常和耳聋有关，至今这种缺陷还无法消除。

主要特征：白色猫被毛纯白色，长而厚密，体形颇大，侧看，矮胖的体形更明显。幼猫头上偶尔会有少许深色斑纹，但会逐渐消失。

饲养指南：波斯长毛猫的肠管天生比一般猫短，所以更容易患上腹泻等疾病。建议平时喂食专门的波斯长毛猫猫粮。

耳朵小，尖端呈圆形，向前倾斜，双耳间距较大，位于头部偏低的位置，耳内有饰毛

被毛纯白色，长而厚密，体形颇大，侧看，矮胖的体形更明显

血统与起源：波斯猫的祖先有可能是17世纪初期由波斯（今伊朗）传入欧洲的灰色长毛猫和身被白色毛、原产土耳其的安哥拉猫。而现代波斯长毛猫原产于英国，产生于19世纪80年代。

小贴士：这种猫有两种脸形——娃娃脸和京巴脸，这两种脸形都是符合标准的。

头大而圆，头盖骨宽阔，脸颊丰满

鼻子呈粉红色，较短，鼻梁宽

眼睛大且圆，眼色亮泽，双眼间距宽阔

原产地：英国　｜　短毛异种：白色异国短毛猫　｜　寿命：13～20岁　｜　个性：温顺、安静

黑色猫

在全世界，波斯长毛猫都非常受欢迎，而其中的黑色猫因具有独特、显眼的被毛颜色更是备受人们喜爱。

主要特征： 黑色猫全身被长而厚密的黑色长毛，色泽均匀纯正，无渐变色、斑纹或白色杂毛。幼猫可能带有灰色或铁锈色，但在约 8 个月大时应渐渐消失。

饲养指南： 猫咪"开饭"的生物钟一旦形成，就比较固定，不应随意改变。放猫食的地方也要固定。与其他品种的猫咪相比，纯种波斯猫的泪腺较短，因此它们比较爱流眼泪，平时应经常为它们擦洗眼周，并每隔一段时间为它们点少许氯霉素眼药水。

眼睛大而圆，两眼间距较宽

两耳间距宽

面部较平

脚掌大而圆，脚趾并拢，具有力量感

评审标准： 因为稀有，纯种黑色波斯长毛猫一直是各种猫展和比赛中备受关注的品种之一，该品种最重要的标准是有一身纯正、浓密的墨黑色被毛，不能有深棕色痕迹、渐变色、杂色斑点或白色杂毛。

小贴士： 完全黑色的波斯长毛猫很稀有，而且其黑色长毛比较娇贵，潮湿的空气容易使被毛变成棕黄色，强烈的阳光也会使被毛褪色，因此养这种猫咪的时候，应注意时刻保持其被毛干爽不受潮，并尽量避免让猫咪受阳光直晒。

全身被长而厚密的黑色长毛，色泽均匀纯正，无渐变色、斑纹或白色杂毛

头部宽圆

鼻子短

四肢短，粗壮而有力，前肢笔直

| 原产地：英国 | 短毛异种：黑色异国短毛猫 | 寿命：13 ~ 20 岁 | 个性：活泼、亲切 |

蓝色猫

　　蓝色猫最早是由黑色长毛猫和白色长毛猫交配而成的。最初的蓝色猫，其被毛中间杂白色毛发，后来经过选择性育种，逐渐消除了被毛上的白色斑纹。

主要特征： 蓝色猫的被毛颜色其实是一种蓝灰色，即被淡化了的黑色。蓝色猫的幼猫通常带有虎斑，颇为奇特的是，斑纹最明显的幼猫反倒会长成最好的成年猫。

两耳间距宽，耳内多饰毛

眼睛大而圆，形状饱满，使得表情显得很甜美

四肢短而粗壮

前肢较直，从身体后方看，后肢也较直

饲养指南： 波斯长毛猫的肠胃比较弱，因此喂食时，不要选择凉食和冷食，否则不但影响猫咪的食欲，还易引起消化功能紊乱。一般情况下，食物的温度以30~40℃为宜，从冰箱内取出的食物，需要加热后才能喂猫咪。

评审标准： 与其他参展品种类似，纯种蓝色猫最重要的标准就是被毛的色泽。好的参赛猫，应该全身泛着一种深浅均匀、色度中等的浅蓝色光泽，并且被毛中没有任何暗纹、斑点和白色杂毛。

小贴士： 在19世纪末，因长相很有异国风情，蓝色波斯长毛猫一度成为颇受上流社会欢迎的宠物，尤其受到欧洲皇室的推崇。据说英国维多利亚女王就曾经养过这种猫咪，爱德华三世还曾经为在某次猫展中获得第一名的蓝色猫颁发过奖牌。

头部圆润饱满，没有明显的凹陷和突出

被毛会呈现出一种深浅均匀、色度中等的浅蓝色光泽，没有任何暗纹、斑点和白色杂毛

脚掌圆而大

| 原产地：英国 | 短毛异种：蓝色异国短毛猫 | 寿命：13 ~ 20岁 | 个性：温顺 |

巧克力色猫

巧克力色猫是由哈瓦那猫和蓝色长毛猫杂交产生的，这个品种首次出现是在 1961 年。

被毛长而致密，质地光滑且十分柔软

头顶部较宽

眼睛为深橘色或古铜色

腿短而粗壮

主要特征： 巧克力色猫的被毛颜色为稍深的巧克力色，颜色纯正，以被毛富有光泽、身体上没有任何斑纹为佳。

饲养指南： 猫咪日常的饮水量不大，但其饮用水必须是清洁干净的清水，水最好每天都换，且水盆也要经常清洗消毒。水盆可放在食盆一侧，以便猫咪口渴时自由饮用。

血统与起源： 20 世纪 60 年代初，荷兰的一间猫舍繁育出一只纯色巧克力色公猫。之后，该猫舍又繁育出了一只纯色巧克力色母猫。自此，一套系统性的巧克力色猫繁育计划被建立起来，巧克力色猫的品种逐渐稳定下来。20 世纪 70 年代，巧克力色猫被引入美国，并于 1981 年开始参加国际爱猫联合会举办的猫展和比赛。

小贴士： 最初培育的巧克力色猫，因混杂了哈瓦那猫的血统，具有细长脸、大耳朵的特征，外观不是很协调，后来经过选择性培育，逐渐消除了这些缺陷。

侧面看，眼睛突出明显，前额、鼻子和下巴在一条直线上

被毛颜色为稍深的巧克力色，颜色纯正

尾毛长而飘逸

脚掌大而圆，上面的被毛较长

原产地：英国　|　短毛异种：巧克力色异国短毛猫　|　寿命：13 ～ 20 岁　|　个性：温顺

玳瑁色猫

玳瑁色猫的名字来源于海龟的一种——玳瑁，因其被毛颜色与玳瑁非常相似，故而得名。玳瑁色猫是非常难培育的稀有家猫品种，因此一般情况下，市场价格要高于其他波斯猫品种，人们经常亲切地叫它"小玳瑁"。

主要特征： 玳瑁色猫身上的被毛浓密有光泽，成片的黑色、乳黄色、浅红或深红色毛发混杂在一起，不同颜色之间没有明显的分界线，分布总体不规律。它的眼睛一般为古铜色或橘色。

饲养指南： 主人应当经常为波斯长毛猫梳理被毛，最好一天梳理一次。当猫咪的毛打结了，不要直接齐毛根剪掉，那样会使打结的地方变得光秃秃的。可以用剪刀剪几下毛团，然后用钢梳慢慢梳开、梳顺，这样就不会出现局部被毛光秃秃的现象了。

血统与起源： 据说，玳瑁色猫是由其他波斯长毛猫和杂种玳瑁色短毛猫偶然杂交培育得来的。因基因组成的缘故，玳瑁色猫一般都是母猫。

眼睛圆而大，一般为古铜色或橘色

被毛浓密有光泽，由成片的黑色、乳黄色、浅红或深红色毛发混杂在一起

小贴士： 很多玳瑁色猫的脸部有明显的黑黄或黑红毛色分边的感觉，像涂了个大花脸，异常可爱。而且从市场反馈上看，从鼻子到额头部位有红色或乳黄色斑纹的玳瑁色猫尤其受人们的喜爱。

头部宽圆，头顶较平

四肢短而粗壮，肌肉发达，有力量感，被毛花色明显

颈部被毛长而丰厚，形成毛领圈

| 原产地：英国 | 短毛异种：玳瑁色异国短毛猫 | 寿命：13～20岁 | 个性：温顺 |

乳黄色猫

乳黄色猫，一说是由蓝色波斯猫和红色波斯猫繁育而成的，一说是由玳瑁色猫和红色虎斑猫繁育而成的。一般来说，由玳瑁色猫和红色虎斑猫交配得来的后代绝大部分是公猫。

头圆而宽，脸颊丰满，鼻子短而翘

被毛浓密有光泽，颜色为淡乳黄色至中等乳黄色，深浅均匀

主要特征：乳黄色猫有矮脚马形、健壮滚圆的躯干，大或中等身形，胸部又阔又深，肩部与臀中间部分丰满，背部平直，富肌肉感，但不会过分肥胖。乳黄色波斯猫有双层被毛，毛根部与毛尖颜色一致，颜色越浅越好。底层毛中应无白色毛，幼猫的虎斑斑纹会逐渐消失。乳黄色猫鼻头和脚掌的皮肤为粉色，眼睛一般为古铜色。

饲养指南：猫咪对食盆的更换很敏感，有时会因换了食盆而拒食。要保持食盆的清洁，食盆底下可垫上报纸或塑料纸等，防止食盆滑动时产生声响，而且也易于清扫。

小贴士：乳黄色猫是偶然杂交得到的波斯长毛猫品种，它问世于英国，但英国的繁育者们对它并不感兴趣，甚至将它当作有瑕疵的次品波斯猫来打折出售。后来，美国的繁育者发现了这种猫的魅力，开始大力培育，于是这种猫逐渐得到普及。

眼睛大而圆，一般呈古铜色

尾巴较短

耳朵小，呈圆弧形

躯干为矮脚马形，健壮滚圆，身形大或中等

原产地：英国 | 短毛异种：乳黄色异国短毛猫 | 寿命：13～20 岁 | 个性：温顺、安静

乳黄色白色猫

育种专家最初培育双色猫的目的是想得到像荷兰兔一样的猫咪，带有清晰的白色或带色环纹。实践证明这是不可能的。

主要特征： 这种猫乳黄色被毛的深度应是较浅或中等深度，白色被毛的面积应该占全部被毛面积的1/3~1/2。它的体格强壮，发育均衡，表情甜美，身体的线条圆润柔和；头大而圆，脸圆而平，五官分布均匀，比例协调，耳朵小而圆，眼睛大而圆，鼻子宽短且偏扁，吻部不突出。

饲养指南： 强光、喧闹、有陌生人在场或有其他动物干扰等均可影响猫咪的食欲。

小贴士： 在猫咪的世界中，双色猫算得上是历史悠久的，但在早期它并不受欢迎，那时的人们更喜欢纯色的猫咪。

头大而圆，脸圆而平，五官分布均匀，比例协调

乳黄色毛区的颜色为较浅或中等深度的乳黄色，白色被毛的面积应该占全部被毛面积的1/3~1/2

尾毛蓬松

耳内多饰毛

被毛细而厚长

鼻子宽短且偏扁，吻部不突出

体格强壮、浑圆，发育均衡

脚掌又大又圆

原产地：英国	短毛异种：乳黄色白色异国短毛猫	寿命：13 ~ 20 岁	个性：温顺、安静

黑白色猫

黑白色猫这个品种培育出来的时间较早，也比较常见，人们一般称其为"黑白花"。

主要特征： 黑白色猫脸上有白色斑纹，幼猫被毛有铁锈色，颈周围有白领圈毛，外形和其他波斯长毛猫没有区别，都是矮脚马形，整体看上去厚重、圆润，且十分优雅。

饲养指南： 黑白色猫既安静又热情，性情柔和，温文尔雅，非常适合公寓生活，但它的毛长且细，毛量又非常多，很容易缠结在一起，白色毛区也非常容易脏。如果想要猫咪的被毛保持漂亮整洁，需要主人定期为其梳理毛发和洗澡。

小贴士： 和其他双色猫一样，被毛斑纹图案对称的黑白色猫被视为佳品。

头部宽圆

耳端浑圆，耳朵非常小，耳内多饰毛

鼻梁比较扁平

眼睛为深橘色或者古铜色

被毛的黑毛区和白毛区界限清晰，不相互混杂

脚掌大而圆，结构较为紧凑，被毛长

原产地：英国	短毛异种：黑白色异国短毛猫	寿命：13 ~ 20 岁	个性：温顺、安静

红白色猫

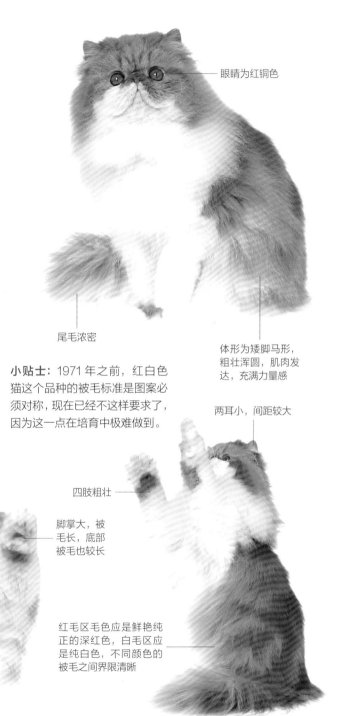

大约 16 世纪的时候，波斯猫经法国传入英国，18 世纪被带到意大利，19 世纪由欧洲传到美国。波斯长毛猫中的红白色猫为后期培育的品种，其培育非常艰难，因为红毛区出现任何虎斑斑纹都会被看成是缺陷。

主要特征： 红白色猫被毛的红毛区毛色应是鲜艳纯正的深红色，白毛区应是纯白色而非米色，外貌等则和其他的波斯猫没有区别。

饲养指南： 为猫咪更换主食，不能一蹴而就，整个过程需持续 5~7 天。刚开始，新旧食物的比例应为 1：4，过两天后变为 2：3，直至全部更换。这样做是为了让猫咪的肠胃逐渐适应新的食物，不会因不适应而出现肠胃不适及呕吐等状况。夏天天气炎热，波斯猫咪长着一身长毛，十分怕热，因此睡觉时，可以让它直接躺在地板上，这样它会感到比较舒服。

小贴士： 1971 年之前，红白色猫这个品种的被毛标准是图案必须对称，现在已经不这样要求了，因为这一点在培育中极难做到。

眼睛为红铜色

尾毛浓密

体形为矮脚马形，粗壮浑圆，肌肉发达，充满力量感

两耳小，间距较大

脸又圆又平，头顶较平

脸上兼有红色和白色被毛

四肢粗壮

脚掌大，被毛长，底部被毛也较长

红毛区毛色应是鲜艳纯正的深红色，白毛区应是纯白色，不同颜色的被毛之间界限清晰

| 原产地：英国 | 短毛异种：红白色异国短毛猫 | 寿命：13 ~ 20 岁 | 个性：温顺 |

37

蓝白色猫

蓝白色猫身体强壮，两性的体形略有差异，公猫长得更结实一些，母猫的体形则略小。

主要特征： 蓝白色猫的被毛上不应有虎斑斑纹，且白色毛区和蓝色毛区应分布清晰，不应出现两色毛混杂在一起的现象。蓝白色猫的肩部周围及两前肢之间具有由浓密长毛围成的毛领圈，脸上应同时有白色毛和蓝色毛，如果两色毛形成的图案是对称的，则更受欢迎。

耳内多饰毛

鼻子为粉红色

下颚发达

蓝色和白色毛区界限清晰，对比鲜明

眼睛为红铜色或深橘色，大而圆，略突出

脸颊丰满

毛领圈为纯白色

脸上有蓝色和白色被毛

尾巴较短，但与身体比例协调，尾毛长而蓬松

饲养指南： 波斯猫是长毛猫，且有两层毛，因此夏天的时候非常容易中暑。如果发现猫咪中暑，首先要将其尽快转移到通风且背阴的地方，然后用冰块或冰水帮助它降温。如果中暑情况比较严重，一定要及时将猫咪送到宠物医院接受专业治疗。

小贴士： 最初，双色猫是作为"其他毛色"级别的猫咪去参加猫展和比赛的，后来当它成为单独级别参加猫展和比赛时，曾有过"毛色斑纹必须完全对称"的参赛标准。如今这个苛刻的标准已得到修改，只要是猫咪的斑纹分布均匀，便符合要求。

原产地：英国	短毛异种：蓝白色异国短毛猫	寿命：13～20岁	个性：温顺、安静

蓝色乳黄色猫

蓝色乳黄色猫是由蓝色猫和乳黄色猫杂交培育出的品种。它体格健壮，外表高贵，一问世便受到世界各地爱猫人士的喜爱。因遗传基因组成的缘故，一般情况下，蓝色乳黄色猫多是母猫。

耳朵小，耳尖呈圆弧状

眼睛为红铜色或者深橘色

主要特征： 蓝色乳黄色猫全身的毛色为淡蓝色与乳黄色均匀、柔和地混杂在一起的颜色，以具有轻微的阴影色为佳。此外，白色被毛的面积应该占全部被毛面积的1/3~1/2。

胸部较为宽阔，被毛又长又厚

饲养指南： 波斯长毛猫腹部绒毛最容易纠缠打结，加之这个部位经常挨着地面，因此极易藏污纳垢、滋生细菌，主人最好每天预留充足的时间为它梳理、清洁毛发，并及时处理脱落的长毛。

繁殖特点： 波斯长毛猫每胎产仔2~3只，幼猫刚出生时毛短，6周后长毛才开始长出，经2次换毛后被毛长度才能固定。

小贴士： 不同的国家对蓝色乳黄色猫被毛的颜色构成有不同的标准。英国的标准是两种颜色均匀地结合；而在北美地区，人们喜欢淡蓝色和乳黄色两种颜色的被毛成片分布，且界限分明。

头大而圆，脸颊丰满，表情甜美

身体粗壮有力，从肩部到尾部都很结实、宽厚

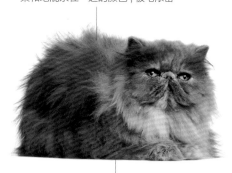

全身的毛色为淡蓝色与乳黄色均匀、柔和地混杂在一起的颜色，被毛浓密

躯干矮胖

原产地：英国 ｜ 短毛异种：蓝色乳黄色异国短毛猫 ｜ 寿命：13~20岁 ｜ 个性：温顺、安静

淡紫色白色猫

黄色等传统色与白色相杂的双色猫。1971 年以后，淡紫色白色猫也被允许参展。

在培育出淡紫色猫后，繁育者将淡紫色猫与白色猫交配，然后选育，最后得到了我们现在看到的淡紫色白色猫。

主要特征： 淡紫色白色猫的淡紫色是指带有粉红色的浅灰色，色调偏暖，毛发色泽均匀。被毛的紫色毛区与白色毛区界限十分清晰，尾巴上可以有白色毛，四肢被毛主要为白色。

饲养指南： 猫咪吃剩的食物要及时倒掉以防变质，或者放到冰箱中保存起来，待下次与新鲜食物混合在一起煮熟即可喂食。

小贴士： 最初，猫展上只允许出现被毛为黑色、蓝色、红色和乳

眼睛大而圆

尾巴上有淡紫色斑块

胸部宽

被毛浓密，被毛的紫色毛区与白色毛区界限十分清晰

| 原产地：英国 | 短毛异种：淡紫色白色异国短毛猫 | 寿命：13~20 岁 | 个性：温顺、安静 |

暗蓝灰色玳瑁色猫

部组成一个完整的圆。

饲养指南： 主人要注意给猫喂食硬度合适的食物，并适量补充钙、铁、维生素及其他营养物质。

小贴士： 这种猫鼻子的皮肤可能是粉红色或蓝色，也可能是这两种颜色的混合色。

在猫咪很小的时候，人们很难把这个颜色的小猫与蓝乳黄色小猫区分开来，因为前者特有的浅色底层被毛要到其 3 周大时才变得明显。

主要特征： 暗蓝灰色玳瑁色猫的毛尖颜色为蓝色，被毛掺杂有轮廓分明的乳黄色斑块。其底层被毛越白越好，不过颜色深度并不是非常重要。这种猫的额头宽阔，鼻子有凹陷，位于两眼之间；脸颊饱满，曲线柔和；吻部宽厚有力；下颚处饱满圆润，和整个脸

眼睛为深橘色

额头宽阔

脚掌大而圆

鼻子有凹陷，位于两眼之间

下颚处饱满圆润，和整个脸部组成一个完整的圆

毛尖颜色为蓝色，被毛掺杂有轮廓分明的乳黄色斑块

| 原产地：英国 | 短毛异种：暗蓝灰色乳黄色异国短毛猫 | 寿命：13~20 岁 | 个性：温顺、安静 |

蓝玳瑁色白色猫

蓝玳瑁色是指玳瑁色的淡化色，其中黑色淡化成了蓝灰色，红色淡化成了浅红棕色或较深的乳黄色。

主要特征： 蓝玳瑁色白色猫被毛的白色毛区占被毛面积的1/3~1/2，各个色块轮廓清晰，有色毛区中不应掺杂白毛。这种猫的耳朵比较小，而且较圆，耳基部不太大，尖端向前稍倾斜。

饲养指南： 给猫咪洗澡时，室内温度要足够高，特别在冬季洗澡时更要避免猫咪因着凉而感冒。

洗完澡后，主人要迅速将猫咪的被毛吹干。

小贴士： 蓝玳瑁色白色猫并不多见，而且各个国家和地区对这种猫的鉴定标准也有所不同，在北美地区，人们更喜欢下半身被毛为白色的蓝玳瑁色白色猫。

头宽而圆

耳朵小而圆，耳基部不太大，尖端向前稍倾斜

躯干为矮脚马形，肌肉发达有力

眼睛为深橘色

毛领圈厚实

脚掌大而圆

| 原产地：英国 | 短毛异种：浅玳瑁色白色异国短毛猫 | 寿命：13~20岁 | 个性：温顺、安静 |

巧克力色乳白色猫

这种猫被毛有色毛区的分布和重点色猫比较像，但二者很好区分，重点色猫的眼睛为蓝色，而巧克力色乳白色猫的眼睛为深橘色或古铜色。

主要特征： 巧克力色乳白色猫头宽而圆，身体短胖。头、背、四肢和尾巴上的被毛为巧克力色，毛领圈、胸部和腹部的被毛为乳白色，眼睛为深橘色或古铜色。

饲养指南： 猫咪对自己的猫窝、食盆、水盆和猫砂盆都非常敏感，主人不要轻易换掉这些用具。

繁殖特点： 这种猫的母猫在7~12个月大的时候即达到性成熟，可以配种生小猫了，一年繁殖一窝最合适。此外，给猫咪配种的时间最好安排在晚上，以保证有较高的成功率。

小贴士： 这种毛色的波斯长毛猫不大受欢迎，因此数量时多时少。

头宽而圆

耳朵小，耳内多饰毛

头、背、四肢和尾巴上的被毛为巧克力色

四肢粗壮，肌肉发达

眼睛为深橘色或古铜色

毛领圈、胸部和腹部的被毛为乳白色

爪大而圆

| 原产地：英国 | 短毛异种：巧克力色乳白色异国短毛猫 | 寿命：13~20岁 | 个性：温顺、安静 |

红色虎斑猫

红色虎斑猫最开始被称为"橘色虎斑猫"，这种猫在北美地区特别受欢迎。在第二次世界大战后，红色虎斑猫的数量曾经大幅度减少。

主要特征：这种猫被毛的基色为鲜红色至古铜色，背部为纯红色，两肩斑纹为蝴蝶形，胸部有两道狭窄的条纹，背部有三道条纹，身体下方颜色较浅，尾巴上有环形斑纹。额头的斑纹呈"M"形，眼睛大而圆，一般为古铜色或橘色。

额头上有清晰的"M"形虎斑斑纹

尾巴上有环形斑纹

饲养指南：主人要经常为猫咪梳理毛发，这样做不但能减少其毛发打结现象的发生，而且可以使斑纹的纹路更加清晰，从而在外观上达到最佳的效果。长毛猫的被毛长且丰厚，洗完澡后一定要尽快擦拭并吹干。

小贴士：与符合猫展标准的虎斑短毛猫相比，虎斑波斯长毛猫并不多见，但虎斑斑纹出现在长毛猫身上的历史非常悠久，现在带有虎斑的波斯长毛猫有很多颜色品种，繁育者在获得新的颜色品种后，喜欢把虎斑斑纹引入这些新的颜色品种中。

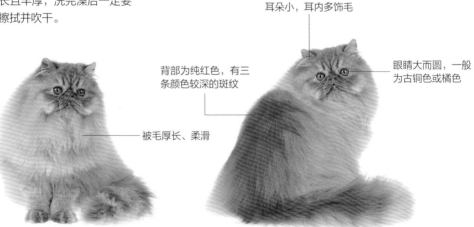

耳朵小，耳内多饰毛

背部为纯红色，有三条颜色较深的斑纹

眼睛大而圆，一般为古铜色或橘色

被毛厚长、柔滑

原产地：英国 | 短毛异种：红色虎斑异国短毛猫 | 寿命：13~20岁 | 个性：温顺、安静

棕色虎斑猫

棕色虎斑猫是一种深受爱猫人士喜爱的波斯长毛猫品种, 早在维多利亚时代, 英国便成立了棕色虎斑猫俱乐部以大力推广这种猫。

主要特征: 棕色虎斑猫的虎斑为黑色, 体毛基色为棕色, 虎斑斑纹与底色形成鲜明对比; 颈部毛发呈乳白色, 长而厚重, 形成明显的毛领圈。它的眼睛大而圆, 眼周有黑线从眼角处向外延伸, 眼睛一般为红铜色。

饲养指南: 有些猫咪有用爪钩取食物或把食物叼到食盆外边吃的行为, 主人一旦发现自己的猫咪有这种倾向, 要立即予以纠正, 以免其形成不良习惯。

小贴士: 长毛猫的毛长而密, 所以夏季不喜欢被人抱在怀里, 而喜欢独自躺卧在地板上。

头宽且圆

眼睛大而圆, 为红铜色

耳朵小, 耳尖呈圆弧状, 耳内多饰毛

脸部较扁平

颈部毛领圈呈乳白色

爪大而圆

体毛基色为棕色, 虎斑为黑色, 虎斑斑纹与底色形成鲜明对比

原产地: 英国	短毛异种: 棕色虎斑异国短毛猫	寿命: 13~20 岁	个性: 温顺

淡紫色虎斑猫

淡紫色虎斑猫初见于 19 世纪猫展, 是波斯长毛猫中出现比较晚的品种。

主要特征: 淡紫色虎斑猫的底色为带虎斑的米色, 纹路颜色为比底色更深的淡紫色, 与底色形成鲜明的对比。这种猫的前额上有清晰的 "M" 形虎斑, 躯干为矮脚马形, 尾巴短, 尾毛蓬松。

饲养指南: 母猫的孕期一般为 56~71 天, 平均约 65 天, 每胎怀仔多为 2~4 只。在母猫怀孕初期, 主人应该为猫咪适当补充营养, 如维生素、矿物质等, 并且应阻止它做较为激烈的运动, 比如奔跑等, 以免因撞击和过激的运动而导致流产。

小贴士: 与符合参展标准的虎斑纹短毛猫相比, 培育出斑纹如此清晰可见的波斯长毛猫品种是非常困难的。

耳尖呈圆形, 耳内饰毛丛生

脸颊丰满

前额有 "M" 形虎斑

底色为带虎斑的米色, 纹路颜色为比底色更深的淡紫色

四肢粗壮

原产地: 英国	短毛异种: 淡紫色虎斑异国短毛猫	寿命: 13~20 岁	个性: 温顺、安静

鼠灰色金吉拉猫

　　鼠灰色金吉拉猫出现较晚，它诞生于 20 世纪初，是由波斯长毛猫经过人工选种培育而成的，俗称"人造猫"。金吉拉猫身体强健，个性独特，喜欢安静。它性格温顺，较为听话，懂得认人，善解人意，但自尊心也很强。

主要特征： 鼠灰色金吉拉猫的被毛浓密且有光泽，毛色为白色，背部、两肋、耳朵和尾部有分布均匀的黑色毛尖，而胸部、腹部和下颚被毛为纯白色；幼猫被毛上有斑纹。它眼大而圆，两眼位置水平且距离远，这使得它的面部表情看起来很甜美；眼睛的标准颜色为祖母绿、蓝绿、绿色；耳朵小，尖端呈圆弧形，生有耳毛；鼻子的皮肤略带玫瑰色。与其他波斯长毛猫一样，鼠灰色金吉拉猫的体形也是矮脚马形，但它比其他波斯长毛猫的体形更匀称漂亮。这种猫全身的毛量丰富，尾短且蓬松，类似松鼠的尾巴。

耳朵小，尖端呈圆弧形，耳内饰毛比较长

脚掌大而圆，脚趾并拢，被毛较长

眼大而圆，两眼位置水平且距离远，颜色为祖母绿、蓝绿或绿色

鼻子短、扁且宽，在两眼间的位置有中断

四肢短而粗壮，肌肉发达

两颊饱满

饲养指南： 作为珍稀的纯种猫，金吉拉猫比其他家猫更娇贵，性格也比较黏人，需要主人经常陪伴左右，因此比较适合有一定经济基础且闲暇时间较多的人饲养。金吉拉猫爱干净，说它"有洁癖"也不为过，它喜欢在干净的地方进食，不吃剩饭，这点需要主人特别注意。为了保证皮肤健康，主人应每隔10天左右为它洗一次澡。

血统与起源： 鼠灰色金吉拉猫可能是由银色虎斑猫培育得来的。

小贴士： 在南美洲的安第斯山脉生活着一种名叫毛丝鼠（即龙猫）的啮齿类动物，这种动物的英文名称为"chinchilla"。金吉拉猫诞生后，人们发现这种猫的被毛颜色很像毛丝鼠的，于是便以"chinchilla"称呼这种猫，中文音译便是"金吉拉"。

头部圆而厚重结实，头骨宽大

脸和下巴都比较圆

被毛浓密且有光泽，毛色为白色，背部、两肋、耳朵和尾部有分布均匀的黑色毛尖

尾巴较短，不卷曲，尾毛长而蓬松，类似松鼠的尾巴

原产地：英国 ｜ 短毛异种：鼠灰色异国短毛猫 ｜ 寿命：13~20岁 ｜ 个性：顽皮、黏人

银色渐层猫

这种长毛的银色渐层猫一般是鼠灰色金吉拉猫与波斯猫的后代，它们毛发浓密，长而柔软，性格温顺。以前人们曾把银色渐层猫和鼠灰色金吉拉猫混淆在一起。这两种猫的幼猫可能会在同窝出现，不过有趣的是，其中被毛为深色的小猫长大后可能会变成毛色较浅的鼠灰色金吉拉猫。

主要特征： 银色渐层猫被毛浓密且有光泽，毛色为白色，毛尖的颜色为深蓝色至黑色，深色毛尖应占整根毛长度的 1/3，背部至两肋的深色毛尖的颜色会逐渐变淡；颈毛形成毛领圈，颜色为白色。与金吉拉猫相比，银色渐层猫的脸形略尖。它的鼻子比较小，为肉粉色，有黑边。

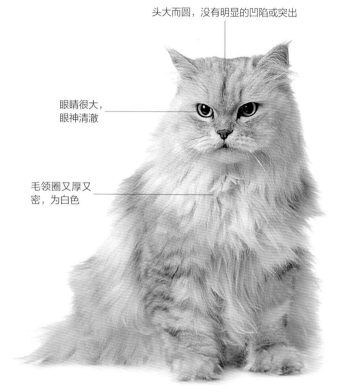

头大而圆，没有明显的凹陷或突出

眼睛很大，眼神清澈

毛领圈又厚又密，为白色

鼻子比较小，为肉粉色，有黑边

尾毛蓬松

被毛浓密且有光泽，毛色为白色，毛尖的颜色为深蓝色至黑色

饲养指南： 如果母猫在怀孕期间吃得不合适或不够健康，就可能生出不健康或患病的小猫来，因此在猫咪妊娠期，主人应注意为它准备数量充足、合适且营养丰富、容易消化吸收的食物，如在猫咪妊娠的中后期，应该多喂食一些瘦肉、鱼肉、青菜等。

小贴士： 这种猫外表美丽，且很容易调教驯养，很受养猫者的喜爱。

| 原产地：英国 | 短毛异种：银色渐层异国短毛猫 | 寿命：13~20 岁 | 个性：温顺、安静 |

白镴猫

白镴猫与银色渐层猫长得很像，但从眼睛的颜色上可以很容易地区分二者，白镴猫的眼睛为橘色或古铜色。此外，白镴猫的毛色也比银色渐层猫的稍微深一些。

主要特征： 白镴猫的被毛为白色，毛尖为黑色，底层被毛为白色；四肢的被毛颜色更深。它的鼻子为肉粉色，边缘有黑边。

饲养指南： 小猫出生后以母乳为食，3~4周后可以开始吃固体食物，8周左右大的时候就可以断奶了。需要注意的是，月龄在4个月以下的小猫，最好不要直接给它喂猫罐头，可以在猫罐头里加少许米饭再喂给它，这样更容易消化。小猫断奶后，为保证它能健康成长，为它补充一定量的维生素是很有必要的，可以每天将适量的人类婴儿专用维生素混杂在小猫的食物中喂食，时间为从它断奶开始后的6个月。

鼻子小，
鼻梁较宽

血统与起源： 白镴猫是由鼠灰色金吉拉猫培育得来的。

小贴士： 日常生活中，白镴猫并不多见，人们对它的了解也比较少。

被毛为白色，毛尖为黑色，底层被毛为白色

耳朵小，向前倾斜，双耳间距较大，耳内饰毛较长

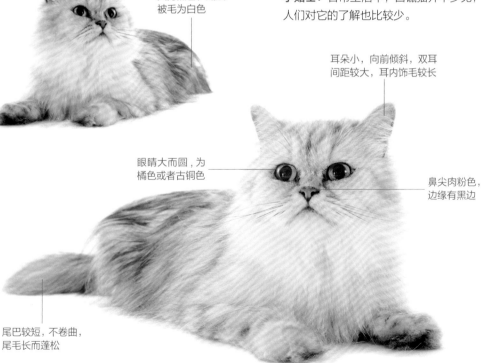

眼睛大而圆，为橘色或者古铜色

鼻尖肉粉色，边缘有黑边

尾巴较短，不卷曲，尾毛长而蓬松

原产地：英国　｜　短毛异种：白镴异国短毛猫　｜　寿命：13~20岁　｜　个性：温顺

奶油渐层色凯米尔猫

20世纪50年代，有一位名叫雷恰尔·索尔兹伯里的医生培育出一种毛色比较奇特的猫，这种猫就是凯米尔猫。所谓"凯米尔"，是指红色阴影渐变色或红色毛尖色，视觉效果更接近奶油色。

主要特征：凯米尔猫的被毛结构与金吉拉猫的类似，即底层毛为白色，毛尖异色，不过凯米尔毛的毛尖一般为红色。这种猫的耳部和背部直到尾尖处红色最清晰，四肢和脚掌上渐层色明显，耳内多饰毛，胁腹、毛领圈和身体下方为灰白色。凯米尔猫的眼睛颜色均为古铜色。

饲养指南：主人一定要注意波斯长毛猫耳朵的日常清洁，应经常翻看猫咪的耳朵。正常猫耳内会分泌一种透明的耳油以保护耳道，如果不定期清洁，就很容易滋生细菌和耳螨。清洁间隔时间应为10天左右。如果猫咪已经生了耳螨，可以在猫耳里撒上适量硼酸粉，以杀灭耳螨。

小贴士：1960年，凯米尔猫获得美国猫爱好者协会（简称ACFA）的认可，从此广为人知。除了奶油渐层色凯米尔猫，还有乳黄色贝壳色凯米尔猫、玳瑁色凯米尔猫、暗红色凯米尔猫等品种。

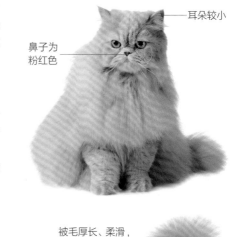

耳朵较小

鼻子为粉红色

被毛厚长、柔滑，渐层色均匀

四肢粗壮

颈部形成浓密的毛领圈，长而蓬松

眼睛为古铜色

身体粗壮，肌肉发达，背部线条平直

尾巴较短，但与身体比例协调，且不卷曲，尾毛长而蓬松

| 原产地：英国 | 短毛异种：乳黄渐层色异国短毛猫 | 寿命：13~20岁 | 个性：温顺 |

挪威森林猫

又称挪威猫、妖精的猫

挪威森林猫诞生于16世纪20年代。它是大型猫，体格健壮，肌肉发达，是斯堪的纳维亚半岛上特有的猫种。外貌上和缅因猫非常相似，二者的主要区别是挪威森林猫后肢比前肢稍长，并且具有双层被毛。古时候这些猫咪就生活在斯堪的纳维亚半岛的雪原上，并且和人们关系较亲近。挪威森林猫独立性强、机灵警觉、行动谨慎，且趾爪强健、能抓善捕，有"能干的狩猎者"之美誉。

玳瑁色虎斑白色猫

玳瑁色虎斑白色猫的性格一般比较温柔，容易驯服。

主要特征： 玳瑁色虎斑白色猫的底毛颜色为暖色调的紫铜色，夹杂着较深的红色和黑色斑纹。白色被毛只分布在毛领圈、脸、胸和腹的部分区域以及四肢下部和脚掌处。

饲养指南： 挪威森林猫饮水不多，但是主人还是要为它准备充足且清洁的饮用水，而且每天都要换水。

小贴士： 挪威森林猫在挪威的饲养历史有几百年之久，但是直到20世纪30年代，它们才真正引起繁育者的关注，而真正有计划的繁育则开始得更晚。

底毛颜色为暖色调的紫铜色，夹杂着较深的红色和黑色斑纹

额头上有"M"形斑纹

耳内饰毛丛生

颈部至胸部有白色毛形成的"围兜"

尾毛浓密蓬松

| 原产地：挪威 | 短毛异种：玳瑁色虎斑白色欧洲短毛猫 | 寿命：15~20岁 | 个性：勇敢、爱冒险 |

蓝色虎斑
白色猫

蓝色虎斑白色猫外形挺拔，看上去威风凛凛。它们爱冒险，爱爬树，不太适合总待在室内，需要经常进行户外活动。

主要特征：蓝色虎斑白色猫最显著的特征是它的眼睛为杏仁形并略倾斜，两眼间距较小；耳朵大而尖。它身上的蓝灰色虎斑纹路清晰，尾毛长而浓密，具有环状斑纹；胸部和腹部的被毛一般为白色。

饲养指南：挪威森林猫有双层长被毛，是怕热不怕冷的猫种。因此，主人不必担心冬天它会冷，而应注意在夏天及时为它降温以防中暑。

小贴士：挪威森林猫后肢上的毛长且浓密，所以有人说它们总好像穿着一条"灯笼裤"。

耳朵大且尖，耳内饰毛丛生

头上有"M"形虎斑纹

眼睛为杏仁形并略倾斜，两眼间距较小

胸部和腹部的被毛为白色

蓝灰色虎斑纹路清晰

尾毛长而浓密，具有环状斑纹

原产地：挪威	短毛异种：蓝色虎斑白色欧洲短毛猫	寿命：15~20岁	个性：勇敢、爱冒险

蓝白色猫

虽然挪威森林猫起源较早，但一直不为人们熟知，在1835年，挪威的民俗学家和诗人们联合撰写并出版了一套精选的挪威民间故事和民歌，其中有不少与这种挪威本土猫相关的内容，于是挪威森林猫开始走入人们的视野。

主要特征：头形略呈等边三角形，颈短，肌肉发达。脸部和身体下方有白色被毛，白色毛区应占被毛总面积的1/3，其余部分为均匀的蓝灰色被毛，白色毛区和蓝灰色毛区分界明显。

饲养指南：挪威森林猫不适宜长期养在室内，最好饲养在有庭院且比较宽敞的环境里。

小贴士：挪威森林猫都比较聪明，经过训练后，可以帮助有心理疾患的病人舒缓病情，因此被人们称为"猫医生"。

头形略呈等边三角形

尾长且被毛浓密

眼睛为金绿色

耳朵大且尖，耳根部较宽，耳内多饰毛

脚掌大而圆，结实有力，脚趾并拢

脸部和身体下方有白色被毛，白色毛区应占被毛总面积的1/3

原产地：挪威	短毛异种：蓝白色欧洲短毛猫	寿命：15~20岁	个性：勇敢、爱冒险

银棕色猫

在北欧地区的神话传说中，女神弗露依亚喜欢乘车出游，而为她拉车的就是两只银棕色的挪威森林猫。

主要特征：银棕色猫和其他挪威森林猫一样，骨骼健壮，肌肉发达，胸部周围的肌肉尤其发达。它们的脸形为稍平的倒等边三角形，鼻梁骨挺直，眼睛一般为绿色。颈部短而强健，颈毛厚而长，形成毛领圈，颜色一般为银灰色。胸部被毛较长，呈波浪状。

饲养指南：挪威森林猫不喜欢在嘈杂声中和强光照射的地方进食，并且它们进食的生物钟一旦形成，就比较固定，不应随意改变。这种猫起源于寒冷地带，因此对营养的需求比较旺盛，主要食物为各种肉类。此外，还要注意给它们适时适量补充一些营养剂，如维生素 E、B 族维生素等。需要特别注意的是，某些生鱼肉中含有可破坏维生素 B_1 的酶，而缺乏维生素 B_1 可导致猫咪的神经受损，因此给猫咪喂食鱼肉时要先将鱼肉做熟。

耳内饰毛丛生

四肢长且直

小贴士：挪威森林猫中被毛颜色较浅的猫有着较厚的底毛，而被毛颜色较深的猫其底毛较薄，这是因为深色能更好地吸收热量，深色猫可以通过被毛吸收更多热量来保暖。

颈部短而强健，颈毛厚而长，形成毛领圈，颜色一般为银灰色

胸部被毛较长，呈波浪状

眼睛为绿色

脸形为稍平的倒等边三角形

身体中等长度，肌肉发达，骨骼粗壮结实

原产地：挪威 | 短毛异种：银棕色欧洲短毛猫 | 寿命：15~20 岁 | 个性：勇敢、爱冒险

蓝乳黄色白色猫

蓝乳黄色白色猫的培育非常困难，主要是因为繁殖出的猫，其被毛很难形成各种颜色均匀交织的理想图案，并且因为被毛中色块较多，如果搭配不好的话，会使被毛看上去杂乱不堪，非常影响猫的美观。

主要特征： 蓝乳黄色白色猫被毛 1/3~1/2 的区域是白色，其余部分是蓝灰色和乳黄色，不同颜色的毛区轮廓要清晰可辨。它的尾巴比较长，尾毛又长又蓬松，走起路来，尾巴高高翘起，尾毛看上去十分飘逸。

饲养指南： 挪威森林猫非常聪明，并且喜欢冒险活动，稍加训练，便可以像小狗一样机灵，主人可以教猫做就地打滚等动作。

小贴士： 挪威森林猫的叫声较为奇特，一般猫咪发出的叫声通常都是比较短的一声"喵"，而挪威森林猫通常会发出类似"bru"的声音，而且声音持续时间较长，听起来好像在唱歌。此外，挪威森林猫的母猫和公猫的叫法也有一些区别，如母猫的叫声比较连贯，而公猫的叫声则断断续续。

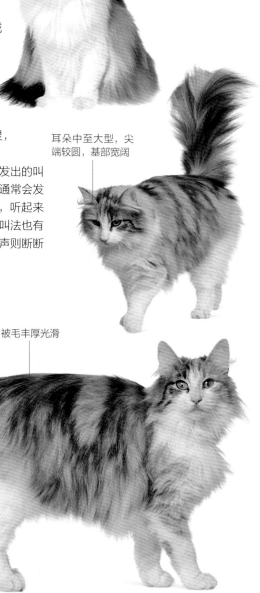

眼睛较大，呈金绿色

耳朵中至大型，尖端较圆，基部宽阔

被毛丰厚光滑

尾巴比较长，与身体相连的部分较粗，尾毛又长又蓬松

被毛 1/3~1/2 的区域是白色，其余部分是蓝灰色和乳黄色

原产地：挪威	短毛异种：蓝乳黄色白色欧洲短毛猫	寿命：15~20 岁	个性：勇敢、爱冒险

红白色猫

这种颜色品种的猫培育起来比较困难，因为红色毛区中会出现虎斑斑纹。

主要特征： 红白色猫被毛的红色毛区毛色鲜亮，白色毛区是纯白色而不是米色或米黄色。它的眼睛是杏仁形并略倾斜，内眼角低于外眼角。

饲养指南： 相对来说，猫咪都比较有个性，因此给猫咪梳理毛发时要注意调整猫咪的情绪，等它放松后再梳理，如果猫咪有很明显的抗拒情绪，一定不要勉强。

小贴士： 挪威森林猫中，除了巧克力色、淡紫色和暹罗猫式的重点色外，其他颜色的猫咪都可以参展。如果需要参展，主人可以提前在猫咪的被毛上扑点粉，这样可以增强各种颜色被毛的清晰度。

鼻子中等长度

眼睛呈杏仁形

下颚结实

脚掌大而圆，被毛较浓密

被毛的红色毛区毛色鲜亮，白色毛区是纯白色而不是米色或米黄色

尾巴较长，尾毛长而蓬松

| 原产地：挪威 | 短毛异种：红白色欧洲短毛猫 | 寿命：15~20岁 | 个性：勇敢、爱冒险 |

蓝乳黄色猫

繁育者培育蓝乳黄色猫是想获得乳黄色和蓝色均匀结合的猫咪，但是这并不容易，因此他们培育出的优良的蓝乳黄色展示猫并不多，市场上更是一"猫"难求。

主要特征： 蓝乳黄色猫的乳黄色被毛和蓝色被毛应均匀交织在一起，分布于全身，且两种颜色都不呈碎片状。

饲养指南： 猫，尤其是长毛猫都会自己舔舐、梳理毛发，但这种自发的清洁行为并不充分。对挪威森林猫来说，主人最好每周为它梳理一次毛发，如果条件允许，最好是每次在同一时间进行，这样猫咪会逐渐适应，在你为它梳理毛发时会比较听话。

小贴士： 在脱毛期对猫咪进行定期梳理非常重要。

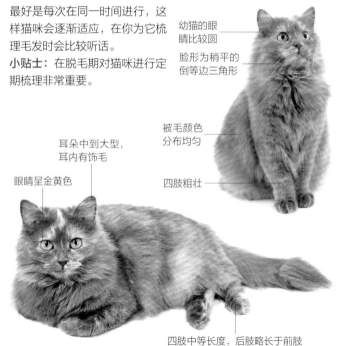

幼猫的眼睛比较圆

脸形为稍平的倒等边三角形

被毛颜色分布均匀

四肢粗壮

耳朵中到大型，耳内有饰毛

眼睛呈金黄色

四肢中等长度，后肢略长于前肢

| 原产地：挪威 | 短毛异种：蓝乳黄色欧洲短毛猫 | 寿命：15~20岁 | 个性：勇敢、爱冒险 |

黑白色猫

理想的黑白色猫其被毛的黑色毛区应对称分布，黑色被毛应主要分布在头部、背部及身体两侧，而白色被毛一般应分布在身体的下方。

主要特征： 黑白色猫的头部、脸部、背部和尾部为黑色，身体下方为白色。它的被毛长而浓密，且如丝般柔软。它奔跑速度非常快，奔跑中长长的被毛会随风飘动，非常漂亮。

饲养指南： 挪威森林猫喜食温热的食物，凉食或冷食容易导致它们的消化功能紊乱。一般情况下，食物的温度以30~40℃为宜。挪威森林猫非常爱干净，主人应定时给它洗澡。洗澡前，最好为猫咪好好地梳理一下毛发，这样清洁的效率更高。给猫咪洗澡时，水温应保持在38℃左右，这个温度与猫咪的体温相当；洗澡水的水位以不超过猫咪的背部为宜，洗澡盆中可以放置一块防滑垫，以防止猫咪在洗澡的时候因乱动而打滑。

耳内饰毛丛生

眼睛为杏仁形并略倾斜，两眼间距较小

尾毛长而浓密

小贴士： 挪威森林猫的特色是拥有双层被毛，底层被毛十分浓密，具有良好的保温效果；外层被毛是保护毛，像鸟的羽毛一样具有油脂保护层，有防水功能，可以防止雨雪的侵袭。

眼睛较大，为金绿色

体格健壮，肌肉发达

四肢粗壮

外眼角具有上扬的黑色"眼线"

面部斑纹对称

被毛为双层，底毛浓密，护毛长而光滑

原产地：挪威 ｜ 短毛异种：黑白色欧洲短毛猫 ｜ 寿命：15~20岁 ｜ 个性：勇敢、爱冒险

棕色虎斑猫

棕色虎斑猫外表充满野性气息，看上去有点吓人，其实它们并不凶，并且还非常聪明，是人类理想的伴侣宠物。

主要特征： 棕色虎斑猫被毛的基色为棕色，上面还有浓重而清晰的黑色虎斑。

饲养指南： 在换季时，猫咪毛发脱落较多，主人需多加留意。此外，虎斑猫的被毛往往比其他颜色挪威森林猫的被毛要厚密，气温过高时，主人要注意做好猫咪的防暑工作。

小贴士： 挪威森林猫拥有双层被毛，长毛下是一层羊毛般的底毛，有着极好的保暖功能。夏天时，这层底毛会大面积脱落，只保留臀部周围和前肢腋下的部分，从后面看，猫咪就像穿了条裤子一样。

耳内饰毛丛生
毛领圈厚实
被毛的基色为棕色，虎斑为浓重而清晰的黑色
头上有"M"形斑纹
双眼微微上扬
四肢大腿肌肉发达，小腿结实
背部和四肢上的虎斑纹清晰可见
脚掌结实

原产地：挪威 ｜ 短毛异种：棕色虎斑欧洲短毛猫 ｜ 寿命：15~20 岁 ｜ 个性：勇敢、爱冒险

棕色玳瑁色虎斑猫

棕色玳瑁色虎斑猫和棕色虎斑猫的区别在于，前者被毛上有红色和乳黄色的斑块。

主要特征： 棕色玳瑁色虎斑猫被毛的底色是比较深的乳黄色，和深棕色的虎斑斑纹形成鲜明对比，被毛上还有乳黄色和红色斑块。

饲养指南： 给挪威森林猫洗澡时，动作要快且轻柔，注意不要将水溅入猫咪的耳朵和眼睛里。如果使用了猫咪沐浴露，注意要将沐浴露彻底清洗干净，若有残留，可能会刺激猫咪的皮毛，导致其皮肤过敏或发炎。

小贴士： 棕色玳瑁色虎斑猫的被毛颜色比较有趣，像是在棕色虎斑猫的皮毛上贴上了红色和乳黄色的毛片，因此有人把这个颜色品种的猫咪称为"补片虎斑猫"。

头上有"M"形斑纹
耳基部较宽，耳内饰毛丛生
眼眶为黑色，双眼微微上扬
被毛的底色是比较深的乳黄色，虎斑为深棕色
四肢粗壮
尾巴长，被毛丰厚浓密，似羽毛般披散

原产地：挪威 ｜ 短毛异种：棕色玳瑁色欧洲短毛猫 ｜ 寿命：15~20 岁 ｜ 个性：勇敢、爱冒险

棕色虎斑白色猫

棕色虎斑白色猫与棕色虎斑猫十分相像，当然它们也是有区别的，从名字上就能看出来，那就是棕色虎斑白色猫身上有棕色虎斑猫没有的白色毛区。

主要特征： 棕色虎斑白色猫最显著的特征是它们脖子上有白色毛领圈，腹部的被毛也是白色的，看上去仿佛是猫咪穿了一件白色的围兜。此外，这种猫被毛上的虎斑纹路清晰可辨。它的体形为中等大小，四肢着地时臀部高于肩部位置，从后面看，后肢笔直，四肢肌肉结实、发达，善于跳跃和攀爬。

饲养指南： 挪威森林猫非常喜欢吃动物肝脏，如果有这类食物，它甚至会拒绝吃其他食物。然而，动物肝脏中含有大量的维生素 A，出现如果猫咪过多地摄入维生素 A，会导致其身体受到伤害，如肌肉僵硬、颈痛、骨骼和关节变形等问题，严重者，甚至会患上肝脏疾病。因此，主人一定要注意猫咪日常饮食中动物肝脏的量不要超标。

颈部毛领圈长而浓密，颜色为白色

耳朵中到大型，尖端较圆，基部较宽，两耳间距中等

眼睛大而明亮

胸部宽阔，腰身强健，身体充满力量感

脚掌大而圆，脚趾结实，被白色毛

下颚结实

四肢强壮有力

小贴士： 受生活环境的影响，和生活在斯堪的纳维亚半岛野外的挪威森林猫相比，家庭饲养的挪威森林猫被毛较短，也更柔软。此外，猫咪季节性脱毛后，毛领圈上的毛会变得不再丰厚，所以不同的季节，猫咪的外形可能会有所不同。

原产地：挪威	短毛异种：棕色虎斑白色欧洲短毛猫	寿命：15~20岁	个性：勇敢、爱冒险

西伯利亚猫

又称西伯利亚森林猫

西伯利亚猫属于体形较大的猫咪，是俄罗斯的国猫，与该猫有关的最早文字记录出现于11世纪。在俄罗斯，这种猫经常出现在市场中以及西伯利亚乡下，是那里最常见的猫。它们全身上下都被长长的被毛所覆盖，外层护毛质地比较硬、光滑且富有油性，底层绒毛浓密厚实，这和西伯利亚地区严寒的自然环境有关。西伯利亚猫曾经被作为国礼赠送给国际友人。

金色虎斑猫

在西伯利亚猫中，虎斑斑纹的出现率较高，金虎斑色是西伯利亚猫的传统颜色。

主要特征：西伯利亚猫身体结实，肌肉发达，背长且略隆起，头部比挪威森林猫更浑圆。眼睛一般为绿色或黄色，大而近似圆形，微微倾斜，幼猫的眼睛更圆。

饲养指南：猫咪都是通过抓磨留下自己的气味来标记领地的，主人可以在不希望猫咪抓磨的地方喷上柠檬水、风油精等有气味的液体，猫咪不喜欢这些气味，因此会对这些地方敬而远之。

血统与起源：西伯利亚猫是现存猫咪中体形最大、最古老的自然品种。有研究者认为，西伯利亚猫最早出现在俄罗斯的北部地区，它们是包括波斯长毛猫和安哥拉猫在内的所有长毛猫的祖先。

小贴士：这种猫非常适合害怕被猫咪身上的病毒感染的人饲养，它们和其他猫不同，它们身上的病毒感染人的概率非常小。

耳基部宽

尾巴被毛浓密丰厚

头顶扁平，头上有"M"形斑纹

耳内饰毛浓密

吻部浑圆

眼睛一般为绿色或黄色，大而近似圆形，微微倾斜

身体结实，肌肉发达，背长且略隆起

被毛为双层，底毛短而柔软，外层护毛坚硬而有光泽

| 原产地：俄罗斯 | 短毛异种：无 | 寿命：13~18岁 | 个性：机灵、活跃 |

黑色猫

　　西伯利亚猫曾在俄罗斯的荒野中生活了颇长一段时间，曾和当地的野猫交配，所以它们的后代被毛上虎斑的出现率较高，而单色猫出现的概率则大大降低。因此，黑色猫在西伯利亚猫中非常少见，是非常稀有的品种。

主要特征： 黑色猫体形巨大而结构紧凑，背部长而稍隆起，胸部肌肉发达，后肢略长于前肢。在自然状态下，其体重能超过9千克。作为生活在高纬度地区的猫咪，西伯利亚猫全身的被毛都极为厚密，就连颈部的毛发也生长旺盛，形成了一圈厚厚的毛领圈。它们的被毛为两层，底层被毛浓密厚实，具有很好的保温效果；上层护毛质地硬而光滑，且有油脂保护层。传统的西伯利亚猫的眼睛颜色为绿色到黄色，也有的为蓝色，眼睛的颜色和毛色没有任何关系。

饲养指南： 猫咪在自我清洁的过程中会吃下很多毛发，长毛猫更是如此，所以主人应该定期给猫咪喂食吐毛膏，从而帮助它们清理肠胃中不能消化的毛球，以减少猫咪出现肠胃不适的可能性。

下巴浑圆

脚掌大而圆，趾间有毛

小贴士： 黑色猫幼猫的被毛会略带灰色或铁锈色，在成长过程中杂色会逐渐消失。

头顶扁平

颈部被毛长而浓密，形成毛领圈

头短而宽，轮廓线条平滑，正面看形状接近梯形

被毛丰厚而且防水

尾巴较粗，为中等长度，被毛浓密

原产地：俄罗斯	短毛异种：无	寿命：13~18岁	个性：机灵、活跃

俄罗斯蓝猫

又称阿契安吉蓝猫、马耳他猫

俄罗斯蓝猫是一种短毛猫，原本被叫作阿契安吉蓝猫，有段时间也叫马耳他猫。俄罗斯蓝猫历史较为悠久，第二次世界大战以后数量急剧减少，为保留此品种，繁育者用蓝色重点色暹罗猫与其杂交。俄罗斯蓝猫中等大小，身体结实，被毛分为底层毛和外层毛，基底为蓝色的外层毛，其末端带有银色，这种毛色具有特殊的光学效应，使俄罗斯蓝猫拥有了"闪闪动人"的外貌。

蓝色猫

俄罗斯蓝猫的性格安静内向，还比较害羞、怕生，不喜欢外出，它的智商比较高，能够取悦主人，并能与家中其他宠物和平共处，是极受欢迎的家庭宠物。

主要特征：蓝色猫的体态轻盈优雅，体形修长，骨骼纤细。头部短，呈楔形，耳朵大而直立。蓝色猫的被毛十分漂亮，质地与海豹皮相似，双层毛均较短，颜色为中等程度的纯蓝色，毛尖为银色，因此被毛总是泛着银色的光芒。

饲养指南：现在血统纯正的俄罗斯蓝猫数量相当稀少，要想获得一只纯血统的俄罗斯蓝猫非常不容易。所以一定要确保纯种繁殖，避免杂交。

血统与起源：以前，人们对于俄罗斯蓝猫的原产地看法不一，所以它在历史上有好几个名字，直到 20 世纪 40 年代，人们才确定这种猫原产于俄罗斯，它的学名才被正式固定。

小贴士：俄罗斯蓝猫的鼻子和掌垫也为蓝色，成年猫的眼睛为杏仁形，呈翡翠绿色。

头为楔形，线条较直，前额扁平

被毛短而浓密

耳朵较大，尖而直立

眼睛呈杏仁形，为翡翠绿色

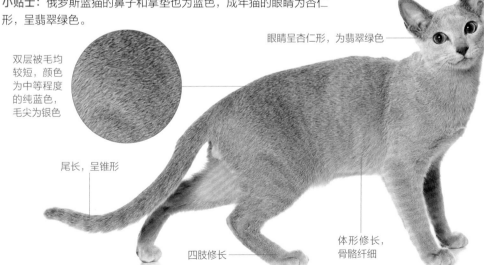

双层被毛均较短，颜色为中等程度的纯蓝色，毛尖为银色

尾长，呈锥形

四肢修长

体形修长，骨骼纤细

| 原产地：俄罗斯 | 长毛异种：无 | 寿命：10~15 岁 | 个性：感情丰富而温顺 |

英国短毛猫

又称英国短尾猫、英短

英国短毛猫的祖先们可以说是"战功赫赫"，早在 2000 多年前的古罗马帝国时期，它们就曾跟随凯撒大帝到处征战。在战争中，它们靠着超强的捕鼠能力，保护罗马大军的粮草不被老鼠偷吃，充分保障了军需物资的安全和后方的稳定。从此，这些猫咪在人们心中拥有了很高的地位。这种猫体形短胖，但是非常英俊可爱，纯色猫的需求量总是很大。

淡紫色猫

因为育种的时间比较晚，所以淡紫色猫的数量还比较少。淡紫色猫比较少见，且性格很好，因此极受爱猫人士的喜爱。

主要特征：淡紫色猫体形矮胖，鼻子和掌垫略带粉红色，眼睛从深金色到古铜色不一。被毛霜灰色，略带粉红色，呈现出一种淡淡的紫色。被毛是短而密的绒毛，富有弹性，摸上去厚实而柔软。

饲养指南：温暖舒适的生活环境有利于猫咪的健康成长。猫窝最好放在温暖、通风透气的地方。猫爬架、猫抓板、猫厕所、食盆等日常的生活用品也是必备的。英国短毛猫适应性很强，主人不用担心换了环境猫咪会感到不舒服。不过这种猫比较活泼，主人最好能每天抽出一点时间陪它玩耍。

血统与起源：淡紫色猫是用英国短毛猫与淡紫色长毛猫杂交选育得来的单色短毛猫。

小贴士：英国短毛猫心理素质良好，能适应各种生活环境，温柔易满足，感情丰富，是非常优秀的伴侣宠物。

头比较圆，面颊丰满

脚掌圆

两耳间距宽

鼻子略带粉红色

被毛霜灰色，略带粉红色，呈现出一种淡淡的紫色

眼睛大而圆，颜色从深金色到古铜色不一

脸呈圆形

体形矮胖浑圆，四肢粗短结实

原产地：英国	长毛异种：淡紫色波斯长毛猫	寿命：17~20 岁	个性：和平而友善

巧克力色猫

这种颜色品种的猫咪虽不常见，但是因为颜色迷人，非常受人们的喜爱。

主要特征： 巧克力色猫的被毛颜色为鲜艳的巧克力色，没有杂色的毛。体形较为粗壮，胸部宽阔，肌肉饱满；四肢长度为短到中等，粗壮结实；脚掌大而浑圆；尾巴根部比较粗壮，尾尖钝圆。

饲养指南： 给猫咪梳理被毛时，主人可先用少量的清水将猫咪的被毛表面打湿，然后用手轻轻地揉搓被毛，使所有被毛都竖立起来，然后再用专用的梳子轻轻梳理。如果碰到猫咪被毛打结的情况，千万不要用梳子使劲儿梳，可用手指轻轻理开。如果猫咪的被毛已经结成毡片，用梳子难以梳通，这时可用剪刀顺着毛的生长方向将毡片剪掉。

耳尖呈圆形

尾巴中等长度，与躯干比例相称，根部较粗而末端较尖

体形为中到大型，骨骼和肌肉均很发达

评审标准： 英国短毛猫最重要的特征就是必须具有"短而浓密及厚的毛"。此外，这种猫如呈现出任何哈瓦那猫的特征，会被认为是具有严重的缺陷。

小贴士： 最初，英国短毛猫其实是"工作猫"，人们饲养它的目的是抓祸害粮食的老鼠。后来，人们发现这种猫咪性格温柔安静，还很独立，是人们的好伙伴，渐渐地，它就成了深受欢迎的家庭宠物。

下巴与鼻子和上唇可连成一条直线

颈部粗短

四肢长度为短到中等，粗壮结实

被毛颜色为鲜艳的巧克力色，没有杂色的毛

鼻子较短

脸呈圆形

原产地：英国 ｜ 长毛异种：巧克力色波斯长毛猫 ｜ 寿命：17~20岁 ｜ 个性：和平而友善

乳黄色猫

　　乳黄色猫这个颜色品种自 1950 年以来一直很受欢迎，但是许多乳黄色猫的被毛中总是带着虎斑，或带有多余的浅粉红色，这令繁育者们很是头疼，也令完美的纯色乳黄色猫的价格水涨船高。

主要特征：乳黄色猫体形圆胖，四肢粗短发达，被毛短而密，头大脸圆，眼睛从深金色到橘色、古铜色不一。

饲养指南：英国短毛猫都不太喜欢运动，而且还都非常贪吃，因此它们很容易长胖。胖胖的猫咪看上去更加可爱，但肥胖对猫咪的健康十分不利，会诱发很多疾病。因此，主人最好每天陪猫咪做些运动，以每天运动 30 分钟为宜。

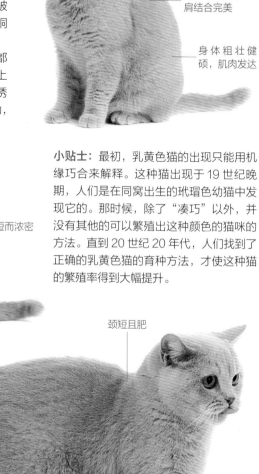

脸呈圆形

肩部平而阔，颈肩结合完美

身体粗壮健硕，肌肉发达

眼睛从深金色到橘色、古铜色不一

被毛短而浓密

鼻子较短，宽阔，鼻梁直

四肢短，粗壮而匀称

小贴士：最初，乳黄色猫的出现只能用机缘巧合来解释。这种猫出现于 19 世纪晚期，人们是在同窝出生的玳瑁色幼猫中发现它的。那时候，除了"凑巧"以外，并没有其他的可以繁殖出这种颜色的猫咪的方法。直到 20 世纪 20 年代，人们找到了正确的乳黄色猫的育种方法，才使这种猫的繁殖率得到大幅提升。

颈短且肥

尾长约为身长的 2/3

| 原产地：英国 | 长毛异种：乳黄色波斯长毛猫 | 寿命：17~20 岁 | 个性：和平而友善 |

肉桂色猫

这个颜色品种的英国短毛猫并不常见。肉桂色猫最大的特征是吻部在大而圆的须垫外围有一条明显的分界，再配上小巧的嘴巴，显得异常可爱，很受人们的欢迎。

主要特征： 肉桂色猫整个被毛的颜色为单一的暖色调的肉桂棕色，毛发中没有明显的白色毛发。它的体形圆胖，身体结构紧凑，四肢较短；脸形为圆形，脸颊丰满；尾巴比较粗，长度和身体成比例。

饲养指南： 不要给刚接回家的小猫洗澡。这是因为猫咪一般都比较敏感，加上小猫的抵抗力和适应力都比较差，洗澡时非常容易受凉，进而生病。如果猫咪身体局部比较脏，主人可用毛巾沾温水为它局部擦洗；如果全身都比较脏，就过一段时间，等猫咪熟悉环境且精力恢复之后，再给它洗澡。切记，不论是局部擦洗，还是全身清洗，洗完后，一定要把猫咪的被毛吹干。

耳朵中等大小，基部宽阔，尖端较圆，两耳间距较大

眼睛大而圆，两眼间距宽

脸呈圆形

尾巴比较粗，长度和身体比例协调

小贴士： 英国短毛猫能与其他猫咪、狗狗和谐相处，它们贪玩，但是非常友善、有爱心，并不会给主人添麻烦。

头顶较平坦

颈短

被毛短而密

具有明显的圆形须垫

吻部突出

四肢粗短强壮

被毛的颜色为单一的暖色调的肉桂棕色，没有杂色毛

原产地：英国	长毛异种：肉桂色波斯长毛猫	寿命：17~20岁	个性：和平而友善

蓝色猫

　　蓝色是英国短毛猫中比较传统的颜色，在所有单色英国短毛猫中，蓝色猫是最受欢迎的。蓝色英国短毛猫出现和流行的时间都比较早，在19世纪刚开始举办猫展的时候，纯种的蓝色英国短毛猫就是最初的几个参展品种之一。

主要特征：蓝色猫的被毛颜色为由浅到中等深度的蓝色，整体颜色均匀，没有杂色毛和虎斑。这种猫的眼睛多为金色或红铜色，再衬着纯正的蓝色被毛，使猫咪看上去整体协调又亮丽。正宗的蓝色猫拥有真正的"五短身材"，即毛短、身体短、尾巴短、四肢短、耳朵短，这样的身材看上去圆滚滚的，十分可爱。在幼猫时没有被阉割的公蓝色猫，在成长过程中会长出颈垂肉。

饲养指南：小猫的性格不稳定，而且很淘气，但主人不能打骂它们，因为猫咪都很敏感，小时候受惊吓过多，长大以后可能会对人产生很强的戒心。

脸呈圆形

前肢比较直

颈粗短，颈垂肉肥大

脚掌圆而结实

身体矮壮，结构紧凑

掌垫为蓝色

尾巴中等长度，根部较粗而末端较尖，被毛短而浓密

血统与起源：据研究，蓝色猫的祖先是随着入侵的罗马人来到英国的埃及家猫以及欧洲本土野猫。千百年来，这些猫咪经过天然的杂交、繁育和自然分离，发展成具有自己鲜明特征的健壮的英国本土野猫。后来，繁育者认为这些成天游荡在街上的野猫品质优良，很有潜力，便大力培育，最终培育出英国短毛猫。蓝色猫便是其中的代表猫咪。

两颊饱满

两耳距离较宽

四肢中等长度，骨骼粗壮，肌肉发达

眼睛呈金色或红铜色

小贴士：20世纪初，英国短毛猫尤其是蓝色猫的地位，受到了波斯长毛猫的挑战，甚至一度失宠。第二次世界大战期间，蓝色猫的生存受到极大威胁，因缺乏同品种的公猫，蓝色猫几度面临绝种的危险。战争结束后，人们着手拯救这种猫咪，才使它重放光彩。

背部较平坦

被毛颜色为由浅到中等深度的蓝色，整体颜色均匀，没有杂色毛和虎斑

| 原产地：英国 | 长毛异种：蓝色波斯长毛猫 | 寿命：17~20岁 | 个性：和平而友善 |

红毛尖色猫

毛尖色猫是与波斯长毛猫中的金吉拉猫、凯米尔猫毛色相近的短毛猫品种。也就是说，这种猫的毛色有两种，一般底层被毛为白色，毛尖则为另一种颜色。任何单色和玳瑁色英国短毛猫都能培育出带有毛尖色的猫。这个颜色品种很受女性的欢迎。

耳内多饰毛

鼻子短，鼻梁比较直，皮肤为肉粉色

胸部宽厚，肌肉结实

主要特征： 红毛尖色猫的毛尖色为红色，底层被毛为白色。它的身材强壮有力，比例协调；四肢短而强健，脚掌大而圆；尾巴短，尾毛浓密。头圆而结实，眼睛从深金色到橘色、红铜色不一；耳朵中等大小，并成 45° 角斜立，耳距很宽；鼻子短，鼻梁比较直，皮肤为肉粉色；下巴发育良好。

头部大且圆

饲养指南： 小猫断奶期间，主人可以给它先喂食掺有奶的流质食物，如麦片粥，然后逐渐在饮食中加进肉类，直到小猫 8 周大时再完全断奶。

小贴士： 毛尖色猫毛尖的颜色有的深，有的浅，而毛尖色较深的猫咪，其底层白色被毛与毛尖色的对比更明显，外观更赏心悦目，所以也更受欢迎。

下巴坚实，与鼻子构成垂线

颈部粗短

耳朵中等大小，成 45° 角斜立，耳距很宽，耳内有饰毛

四肢粗短

底层被毛为白色，毛尖色为红色

| 原产地：英国 | 长毛异种：红毛尖色波斯长毛猫 | 寿命：17~20 岁 | 个性：和平而友善 |

黑毛尖色猫

黑毛尖色猫最初被称为金吉拉短毛猫，1918 年以后才改称黑毛尖色英国短毛猫。

主要特征： 黑毛尖色猫身体下方，从下颌到尾部为纯白色，身体上半部分的黑色毛尖色明显，并沿肋腹而下，延伸至四肢及尾巴上。有毛尖色的部位，毛尖的颜色分布均匀，且没有其他杂色。与其他毛尖色猫不同，黑毛尖色猫的眼睛都为绿色。

饲养指南： 对于英国短毛猫来说，清洗被毛远远比梳理被毛要重要，因为它们的被毛密实又柔软，灰尘和细菌很容易藏匿其中。不过也不用给猫咪频繁洗澡，在猫咪的被毛变得较脏或油腻时，给它洗个澡就可以了。

小贴士： 黑毛尖色猫的幼猫刚出生时，身上仍明显带有金吉拉长毛猫的特征。

头部浑圆

脸部较圆

鼻子短，为砖红色

眼睛大且圆，为绿色

身体下方，从下颌到尾部为纯白色，身体上半部分的黑色毛尖色明显

被毛短而密，不紧贴身体

脚掌圆而结实，没有毛尖色

| 原产地：英国 | 长毛异种：黑毛尖色波斯长毛猫 | 寿命：17~20 岁 | 个性：和平而友善 |

乳黄色斑点猫

乳黄色斑点猫是一种挺特别的猫咪，它身上的斑点一般为圆形、椭圆形或玫瑰环形。

主要特征： 乳黄色斑点猫身上的斑点一般分布于身体和四肢，斑点的界限分明，但颜色对比并不太明显，且斑点的大小可以不同。

饲养指南： 当小猫在 3~4 周龄开始吃固体食物时，可着手对它进行大小便的训练，使它从小养成良好的习惯。

血统与起源： 一般认为，被毛上有斑点的猫咪最早起源于埃及。

小贴士： 斑点状的被毛图案常见于野猫中，自然生长的非纯种猫，特别是地中海东部地区的非纯种猫也有这种被毛图案。在已获得承认的任何一种纯色的猫咪中，都有可能培育出斑点猫。

头顶较平

吻部在大而圆的须垫外围有一条明显的分界线

胸部宽厚

耳朵中等大小，基部宽，尖端较圆，两耳间距较大

鼻子中等长度，略宽

四肢粗壮，脚掌圆而结实

| 原产地：英国 | 长毛异种：乳黄色斑点波斯长毛猫 | 寿命：17~20 岁 | 个性：和平而友善 |

银色斑点猫

这个颜色品种是斑点猫中最受欢迎的品种之一，它们身上的斑点与底色对比鲜明，看上去非常漂亮。

主要特征：银色斑点猫的底毛颜色为银色，斑点清晰，不能相互混杂，斑点的大小不必完全相同。这种猫的眼睛颜色一般为浅褐色或绿色。

饲养指南：猫咪一般不需要大量饮水，但应保证猫咪每天都有新鲜、清洁的清水可以饮用，尤其是给猫咪喂食比较干的食物时。此外，饲养英国短毛猫，特别忌讳的是除定时、定量喂食物外，再给它们喂零食。

小贴士：在 20 世纪 50 年代，斑点猫差点因不受当时的人们欢迎而消失。直到 1965 年，一只银色斑点猫在猫展上大放异彩，人们又开始重视这种猫了。

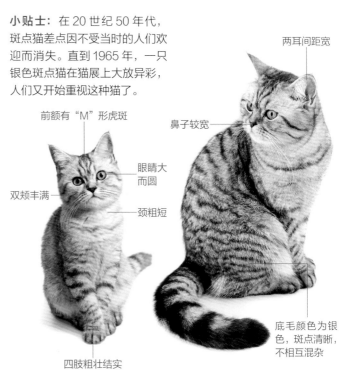

两耳间距宽

前额有"M"形虎斑

鼻子较宽

眼睛大而圆

双颊丰满

颈粗短

底毛颜色为银色，斑点清晰，不相互混杂

四肢粗壮结实

| 原产地：英国 | 长毛异种：银色斑点波斯长毛猫 | 寿命：17~20 岁 | 个性：和平而友善 |

银白色标准虎斑猫

虽然带虎斑的猫咪不如单色猫那样受欢迎，但因为同样有胖乎乎的圆脸、充满好奇的眼睛和温柔的性格，它们正受到越来越多爱猫人士的喜爱。

主要特征：银白色标准虎斑猫的底毛为银白色，斑纹为深黑色，底色与斑纹形成了鲜明的对比。此外，它的两肋腹上有明显的牡蛎状图案。

饲养指南：训练小猫在指定的地方大小便时，如果小猫弄错地方，千万别把它的鼻子按在大小便上面。这样它会被气味所吸引，以为那里是固定的厕所。应该彻底清洗这些地方，以避免猫咪又在此处大小便。

小贴士：英国短毛猫是一种好奇心旺盛的猫咪，主人一定要保管好家里的易碎品。

底毛为银白色，斑纹为深黑色

头宽而圆

鼻子为砖红色，周围有黑边

颈部粗壮，肌肉结实，有完整的环纹

四肢粗短，腿上斑纹清晰

腹部毛色较浅

| 原产地：英国 | 长毛异种：银白色标准虎斑波斯长毛猫 | 寿命：17~20 岁 | 个性：和平而友善 |

棕色标准虎斑猫

《爱丽丝梦游仙境》是由英国作家刘易斯·卡洛尔于 19 世纪创作的儿童文学作品。这部作品中有一个重要角色——柴郡猫，这只猫一般会被人们描绘为一只棕色虎斑英国短毛猫，由此可见这种猫的普及程度。

主要特征：品种优良的棕色标准虎斑猫的被毛底色为浓艳的像红铜一样的棕色，虎斑为黑色。这种猫前额有"M"形的花纹，肩部有蝴蝶形花纹，尾巴和四肢有近似环形的花纹，腹部的花纹则多为点状。它的眼睛又大又圆，一般为古铜色、橘色或深金色。

饲养指南：对猫咪来说，猫爪是非常重要的，它是猫抓老鼠、攀爬和自卫的工具。如果主人养猫是为了除鼠患的，猫爪就没有必要修剪。如果家里的猫咪是宠物，养它是为了陪伴自己的话，主人就有必要定时为猫咪修剪爪子，以防又长又利的猫爪抓坏衣物、窗帘、家具等，甚至抓伤人。修剪猫抓，频率保持在 1 个月 1 次即可。

头部浑圆，厚重结实

吻部饱满

胸部宽厚

耳基部宽，尖端稍圆

颧骨不明显，脸颊丰满

前额有"M"形斑纹

眼睛又大又圆，一般为古铜色、橘色或深金色

颈部短而结实，肌肉发达

脚掌圆而结实

被毛底色为浓艳的像红铜一样的棕色，虎斑为黑色

尾巴长度为体长的 2/3

小贴士：1968 年，英国虎斑猫俱乐部成立，目的是要促进虎斑猫的发展。目前来说，这个颜色品种的优良展示猫仍然很难获得。

原产地：英国 | 长毛异种：棕色标准虎斑波斯长毛猫 | 寿命：17~20 岁 | 个性：和平而友善

重点色英国短毛猫

又称重点色英短

　　重点色英国短毛猫是一个比较新的品种，1991 年在英国才开始被承认。20 世纪 80 年代，它们由英国短毛猫与暹罗猫混种培育而来，形体上与英国短毛猫一致，个性上与暹罗猫相比更为沉静，但是被毛图案上却带着暹罗猫的重点色。这种猫体形还在改良，目前人们已经培育出了许多不同颜色、品质优良的此品种猫咪。这个品种的猫咪感情丰富，是人们日常生活的好伴侣。

乳黄色重点色猫

　　重点色猫在体形上与英国短毛猫极为相似，但是它们保留了暹罗猫的重点色。它们有着圆圆的身体和胖胖的脸颊，非常受爱猫人士的欢迎。

主要特征： 乳黄色重点色猫的身形矮胖，身体被毛的基色是乳黄色，重点色是比乳黄色深的浓乳黄色。重点色猫身上是允许有斑块和条纹的。重点色猫的脸形较圆，这点与英国短毛猫更像；鼻短而宽，鼻梁有明显的凹陷。

鼻短而宽，鼻梁有明显的凹陷

颈部粗而短

被毛的基色是乳黄色，重点色是颜色较深的浓乳黄色

眼睛为蓝色

胸部宽厚，肌肉发达

饲养指南： 重点色猫比较好照顾，每周为它梳理一次被毛即可。洗澡的次数不宜过多，而且多数猫咪怕水，更别提洗澡了。大部分猫咪第一次洗澡的时候都非常抗拒，会大叫，并不停地挣扎，这时，主人应给予猫咪充分的抚慰，比如轻柔地抚摸它，直到它不再挣扎。

耳朵小，耳内饰毛丰富

身体圆胖、结实

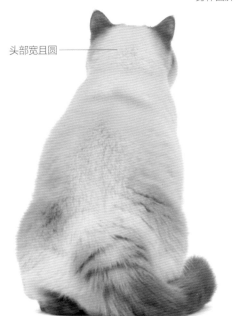

头部宽且圆

面部、耳朵、四肢与尾巴的重点色明显

脚掌圆而结实

小贴士： 猫咪身上之所以会出现重点色，是因为它携带有重点色基因（也称喜马拉雅基因），这种基因表达的结果就是在猫咪身体的末端，也就是它最容易感到冷的地方，如脸部、耳朵、四肢和尾巴处的毛色更深。刚出生时，猫咪的毛色一般为白色，随着年龄的增长，重点色部位的颜色会越来越深，甚至某些品种重点色猫浅色躯干的颜色也会加深。

尾巴根部粗，尾尖呈圆形

| 原产地：英国 | 长毛异种：乳黄色重点色长毛猫 | 寿命：15~20岁 | 个性：感情丰富 |

蓝色重点色猫

重点色猫英国短毛猫出现虽晚，但繁育者正在对这种猫不断地进行改良，所以它们的知名度与受欢迎程度将会不断提升。

主要特征： 蓝色重点色猫的体形矮胖，底色应为冰川白，与中等深度的蓝色重点色形成鲜明对比。它的背部和四肢比较短，脚掌结实，并呈圆形。头比较圆，两耳间距较大；眼睛又大又圆，颜色为蓝色，双眼间距较宽。值得一提的是，蓝色重点色猫的全身被毛颜色都会随着年龄的增长而逐渐加深，到最后，有的个体看上去甚至像是一只纯色猫。

饲养指南： 不论被毛较长，还是被毛较短，绝大多数猫咪的被毛都长得浓密且厚实，将身体覆盖得严严实实。此外，除脚趾处分布有少量汗腺外，猫咪体表其余部分缺乏汗腺，因此它们对热的调节能力较差。所以，在夏天的时候，主人应给猫咪提供一个干燥、凉爽、通风、无阳光直射的生活环境。

小贴士： 重点色猫的被毛一定要短且质脆，任何柔软或似羊毛状的趋势都会被视为缺陷。

头呈圆形

腿短而结实

头颈部结实

鼻子短而宽

被毛短而密，质地脆

眼睛呈蓝色，大而圆，双眼间距较大

脸颊有肉，须垫明显

脚掌圆而结实

被毛的基色为冰川白色，重点色为中等深度的蓝色

原产地：英国	长毛异种：蓝色重点色长毛猫	寿命：15~20岁	个性：感情丰富

蓝乳黄色重点色猫

蓝乳黄色重点色短毛猫是玳瑁色猫的淡化品种，所以它与玳瑁色猫非常相像。

主要特征： 蓝乳黄色重点色猫的被毛颜色比较奇特，为蓝色重点色上带有乳黄色斑纹；身体躯干部分的颜色为浅蓝色与乳黄色相互混杂；头部、尾巴及四肢颜色较深，为蓝色；背部与身体两侧分布有乳黄色的斑纹。这种猫头颈部结实，四肢短而粗壮，脚掌大而圆，掌垫为蓝色、粉红色或两种颜色的混合色。

饲养指南： 为了防止猫咪患上易发于春天的毛球症，除了要经常给猫咪梳理毛发、清理脱掉的毛外，还可以种一些猫草给猫咪吃。

眼睛又大又圆

颈部肌肉结实

脚掌大而圆，掌垫为蓝色、粉红色或两种颜色的混合色

猫草大多数都是禾本科植物，猫草可以刺激猫咪肠胃蠕动，帮助猫咪吐出胃中的毛球，对猫咪的身体大有裨益。如果猫咪不会自己主动去吃猫草，主人可以将猫草剪成一小段一小段的，然后将其混入猫食中喂食。

小贴士： 蓝乳黄色重点色猫是玳瑁色猫的淡化品种，因此与其他的玳瑁色猫一样，这种猫几乎都是母猫，很少出现公猫。

背部与身体两侧分布有乳黄色斑纹

双耳间距较宽

尾巴较粗，尾尖呈圆形，尾毛颜色较深

四肢短而粗壮

躯干部分的颜色为浅蓝色与乳黄色相互混杂

身体下部毛色较浅

| 原产地：英国 | 长毛异种：蓝乳黄色重点色长毛猫 | 寿命：15~20岁 | 个性：感情丰富 |

欧洲短毛猫

又称欧洲猫

　　欧洲短毛猫是英国短毛猫和美国短毛猫的类似品种，1982年才被认可为独立品种，此前它们被归入英国短毛猫的行列。它们的外表和脾性与英国短毛猫相似，如都具有短而浓密的被毛，被毛质地较脆且易折断，性格警惕敏感，捕猎本领强，都是捉鼠能手。但经过长时间的选育，两种猫咪的血统差异越来越大，从外观上即有所体现，如欧洲短毛猫的体形更修长，脸也比英国短毛猫的稍长。但该品种还未得到英国猫迷管理委员会（简称GCCF）的正式承认。

白色猫

　　欧洲大陆上的繁育者想得到一种继承和延续了欧洲土猫血统的本土短毛猫品种，于是欧洲短毛猫应运而生，这个品种目前仍处于改良状态。

主要特征： 白色猫的被毛为纯白色，短而厚密，没有杂色毛。它的脸偏圆，但比英国短毛猫的脸稍长。

饲养指南： 欧洲短毛猫性格更敏感，主人要经常抱抱猫咪，还要经常和它说说话，虽然它听不懂人类的语言，但轻柔的语调和态度，能让它获得安全感。喂食时，主人可以将食物放在手上投喂，这样也可以增进与猫咪之间的感情。

小贴士： 欧洲短毛猫远不如它们的英国"亲戚"有名，但是这个品种已经有很长时间没有与英国短毛猫进行杂交了，所以这两种猫咪的"分离"已成必然。

眼睛间距大

颈部肌肉发达

骨骼结实，肌肉较发达

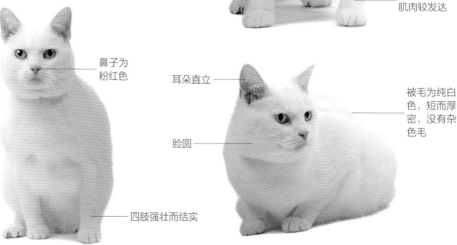

鼻子为粉红色

耳朵直立

被毛为纯白色，短而厚密，没有杂色毛

脸圆

四肢强壮而结实

原产地：意大利	长毛异种：白色波斯长毛猫	寿命：15~20岁	个性：敏感

玳瑁色白色猫

欧洲短毛猫的体形没有它的"近亲"英国短毛猫结实，身体和四肢也更修长且纤细，整体给人以轻快的感觉。

主要特征： 玳瑁色白色猫的头脸部、背部等部位的被毛为玳瑁色，玳瑁色各个色区的轮廓清晰可辨；胸部、腹部等处的被毛为白色，且没有杂色毛，白色毛区占被毛面积的 1/3~1/2。头圆，耳朵尖端圆，眼睛大而圆，脸部有斑纹，形状、花色不一。

饲养指南： 猫咪进食的时候，食物残渣很容易遗留在它的下颌处，而它在用舌头舔舐清洁身体时是无法清理到下颌这个位置的，因此需要主人为它清理这个部位。此外，猫咪下颌部位很容易长粉刺，这是一种猫咪常见皮肤病，病名即"猫咪下颌粉刺"，如果主人不能帮助猫咪保持下颌部位的清洁，猫咪就很容易得这种病，情况严重时，下颌处还会脱毛、发炎。所以，主人一定要重视这个问题。

小贴士： 如果一只欧洲短毛猫与英国短毛猫或美国短毛猫太形似，身体太大或太粗短，脸颊下垂，或具有羊毛状的长毛，这只猫咪便会被认定为失格。

眼睛大而圆

白毛区占被毛面积的 1/3~1/2

脸部有斑纹，形状、花色不一

耳尖微圆，也可能有猞猁尖

头脸部、背部等部位的被毛为玳瑁色

胸部、腹部等处的被毛为白色，且没有杂色毛

脚掌较圆，有力量感

原产地：意大利	长毛异种：玳瑁色和白色波斯长毛猫	寿命：15~20 岁	个性：敏感

棕色虎斑猫

欧洲短毛猫起源于欧洲大陆，有虎斑的欧洲短毛猫很常见，可能由于虎斑这个性状比较常见，且很难去除，所以这种猫似乎并不太受人们欢迎。

主要特征： 棕色虎斑猫的被毛基色为浅棕色，上面有较深的斑纹，鼻子为砖红色。耳朵中等大小。直立，耳尖微圆或有猞猁尖，两耳间距大。

饲养指南： 猫咪生病初期即会出现肉眼可见的症状：如变得无精打采、喜卧、眼睛无神或半闭；对声音或外来刺激反应迟钝，病情越重，反应就越弱；食欲受到影响，食欲不振或食欲过度旺盛

都是不正常的。若发现有上述症状，主人应及时带猫咪就医。

小贴士： 欧洲短毛猫四肢中等长度，公猫体重可达 8 千克。

头部略宽，呈圆弧线条

双颊饱满

耳朵中等大小，直立，耳尖微圆或有猞猁尖，两耳间距大

脚掌圆而有力

尾尖呈圆形

被毛基色为浅棕色，上面有较深的斑纹

| 原产地：意大利 | 长毛异种：棕色虎斑波斯长毛猫 | 寿命：15~20 岁 | 个性：敏感 |

金色虎斑猫

欧洲大陆养猫已有 1000 多年的历史，并出现了许多非选择性培育的颜色品种。如今，繁育者着重于把欧洲短毛猫培育成被毛图案轮廓清晰的品种。

主要特征： 金色虎斑猫的被毛基色为金棕色，上面有深色的斑纹。头圆，前额有明显的"M"形虎斑；颈部有完整的颈圈；尾巴中等长度，比较粗，尾根处最粗；四肢中等长度，较粗壮，越靠近脚掌越细。

饲养指南： 如果猫咪生病了，它们可能出现不同程度的厌食或拒食现象，这时要留心猫咪的饮水

情况，猫咪发热或腹泻脱水时饮水量会增加，但病重或严重衰弱时饮水量会减少。

小贴士： 花纹清晰且对称的虎斑猫更受人们喜爱。

前额稍圆

脸部较圆，双颊饱满

头上有"M"形虎斑斑纹

耳朵间距大

下巴圆而坚实

胸部宽且肌肉发达

被毛基色为金棕色，上面有深色的斑纹

尾巴中等长度，比较粗，尾根处最粗

| 原产地：意大利 | 长毛异种：金色虎斑波斯长毛猫 | 寿命：15~20 岁 | 个性：敏感 |

银黑色虎斑猫

欧洲短毛猫强壮耐劳，适应能力强。它们的捕猎本领强，是遐迩闻名的捕鼠能手。

主要特征： 在所有具有虎斑的欧洲短毛猫中，银黑色虎斑猫的斑纹是最清晰的，银色底色与黑色斑纹对比十分鲜明。在其背部，沿脊背中心有一条细黑线纹向下延伸，两侧均有呈放射状发散的不完整细线纹，尾部有环纹。

饲养指南： 给猫咪洗澡的时候，最好选择比较温暖的地方，或者选择一天中最温暖的时候，以免它感冒。洗澡动作要迅速，尽可能在短时间内洗完。猫咪的耳朵不用经常清洗，只在比较脏的时候清理一下即可。

小贴士： 欧洲短毛猫精力旺盛，浑身充满朝气，聪明而警惕。

背上斑纹清晰可见
头较圆
尾部具有环纹
前额有"M"形虎斑斑纹
眼睛大而圆
颈部较粗
胸部宽且肌肉发达
躯干两侧均有呈放射状发散的不完整细线纹
尾巴根部颇粗

原产地：意大利	长毛异种：银黑色虎斑波斯长毛猫	寿命：15~20岁	个性：敏感

玳瑁色鱼骨状虎斑白色猫

玳瑁色鱼骨状虎斑白色猫骨骼粗壮，肌肉发达，身形较英国短毛猫、美国短毛猫更长，看上去更矫健。

主要特征： 玳瑁色鱼骨状虎斑白色猫的被毛颜色很特殊，头脸部、背部、四肢背部有黑、红、白色斑块即玳瑁色花纹，但花纹颜色比较浅；胸部、腹部及脚掌背部为白色；背部的鱼骨状虎斑斑纹非常明显。

饲养指南： 小猫出生后4~8周的时间里，生长发育较快，体重可达0.5~1千克，初步具备了独立生活的能力，是购买的最佳时期。猫咪的年龄过大，就不容易与主人建立感情了。

小贴士： 与成年猫相比，幼猫的虎斑斑纹纹路不太明显。此外，在换毛期间，成年猫的虎斑斑纹也会变得不那么清晰可辨。

双颊丰满
颈部长度适中
眼角微微倾斜
白色毛区多在胸、腹部
头脸部、背部、四肢背部有玳瑁色花纹
脚掌结实

原产地：意大利	长毛异种：玳瑁色鱼骨状虎斑白色波斯长毛猫	寿命：15~20岁	个性：敏感

东方短毛猫

又称外国短毛猫、外来猫

19 世纪晚期，暹罗猫被引入西方，其中有一些是颜色单一且没有斑纹的，因为当时只有蓝色眼睛的暹罗猫才能参展，所以大部分单一颜色的猫咪渐渐绝迹了。到了 20 世纪 50 年代，有繁育者开始恢复这些猫咪的培育工作，如今，这个品种有单色猫和带斑纹图案的猫两大类。东方短毛猫继承了暹罗猫优雅修长的体形和较尖的脸形，极具东方风情，因此被冠以"东方"的名称。除了不能是重点色之外，东方短毛猫具有任何颜色、任何斑纹都是被允许的。

外来白色猫

外来白色猫是由暹罗猫和白色短毛猫交叉配种选育得来的，如今，这种猫从外形上看，与暹罗猫非常相似，几乎没有区别，只是在被毛的颜色上还有差异。在英国获准参展时，这种猫用的是"外来白色猫"这个名字，但现在国际上多称这种猫为"东方白猫"。

颈部细长，
线条优美

躯干近似管状

头部呈楔形

眼睛很大，呈
杏仁形，幼猫
的眼睛较圆

骨骼纤细

四肢修长，与身体成比
例，后肢略长于前肢

尾巴细长，根部也不粗

鼻子挺直，
呈粉红色

脚掌小，呈椭圆形

主要特征： 与英国以及欧洲本土短毛猫相比，东方短毛猫的身体和四肢都很修长，腹部内收而显得狭窄；骨骼纤细，肌肉结实紧凑，肌纤维较长。四肢修长，与身体成比例，后肢略长于前肢；脚掌小而呈椭圆形；尾巴整体纤细修长，基部稍粗，向尖部逐渐变细。这种猫的脸形与英国短毛猫、欧洲短毛猫的截然不同，形状近似倒立的等边三角形；眼睛中等大小；耳朵比较大，尖端较尖；吻部尖，稍突出。整体来说，这种猫具有典型的东方风格。

饲养指南： 东方短毛猫精力充沛，好奇心强，是一种活泼好动的猫咪。它特别喜欢玩耍，需要大量的时间玩耍或进行运动。即使到了晚上，它也难以安静下来。为了不打扰他人休息，主人应从幼猫时期就对猫咪进行训练，以使它习惯在晚饭开始之前就结束活动。

小贴士： 人们最初培育这种猫的目的是想得到纯白色的暹罗猫，意想不到的是，却得到了一个新的猫咪品种，即东方短毛猫。东方短毛猫不仅有白色的，还有其他各种颜色，甚至出现了各种不同的斑纹。

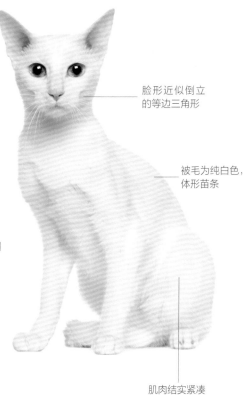

脸形近似倒立
的等边三角形

被毛为纯白色，
体形苗条

耳朵大而尖，
耳内饰毛丰富

吻部较尖，侧
面看略突出

肌肉结实紧凑

原产地：英国 | 长毛异种：白色东方长毛猫 | 寿命：14~20岁 | 个性：活泼

外来蓝色猫

外来蓝色猫的性格活泼、外向，喜欢交际，爱"说话"，叫声大，不喜欢孤独，因此适合闲暇时间较充裕且喜好运动的人饲养。

主要特征：外来蓝色猫的被毛短，质地柔软而纤细，毛色应为天蓝色、纯蓝色至蓝灰色，且不存在任何白色杂毛。毛发从毛根到毛尖的颜色都一致，不能有渐层。这种猫的眼睛应为绿色，且无任何斑点。

饲养指南：东方短毛猫都喜欢亲近主人，并且它们的嫉妒心比较强，如果主人冷落它们的话，它们不但会吃醋，还可能会发脾气，因此主人应多花时间陪它们运动或玩耍。

小贴士：直到1972年，国际爱猫联合会才认可了东方短毛猫这个品种，该品种目前仍属于稀有品种。

头部呈楔形

耳朵大，基部较宽

身体修长

眼睛为绿色，眼梢倾斜

腹部狭窄

被毛短，质地柔软而纤细，毛色为天蓝色、纯蓝色至蓝灰色

脚掌呈椭圆形，较小

| 原产地：英国 | 长毛异种：蓝色东方长毛猫 | 寿命：14~20岁 | 个性：活泼 |

外来黑色猫

外来黑色猫的被毛乌黑油亮，又被称为"东方乌木猫"，在现在饲养的东方短毛猫中，这种猫的饲养历史最悠久。

主要特征：外来黑色猫的被毛颜色应为纯黑色，成年猫的身上不能出现铁锈色或灰色。它的眼睛大小适中，为杏仁形，眼角稍吊起，颜色为祖母绿色。

饲养指南：东方短毛猫的体形都偏瘦，所以主人要特别注意它们的食量，不要让它们暴饮暴食，这样猫咪才能保持纤细修长的标准身材及良好的健康状态。

小贴士：东方短毛猫和暹罗猫最早都起源于泰国，有不少繁育者认为，东方短毛猫是比暹罗猫出现更早、更为原始的品种，暹罗猫仅仅是它的一个重点色的变种而已。

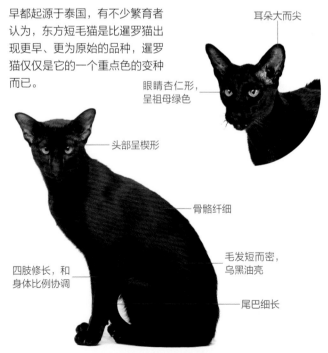

耳朵大而尖

眼睛杏仁形，呈祖母绿色

头部呈楔形

骨骼纤细

毛发短而密，乌黑油亮

四肢修长，和身体比例协调

尾巴细长

| 原产地：英国 | 长毛异种：黑色东方长毛猫 | 寿命：14~20岁 | 个性：活泼 |

黑白色猫

　　东方短毛猫可以培育出各种颜色和花纹，黑白花也是其中重要的一种。

主要特征：黑白色猫的被毛颜色为黑、白两色，黑、白色毛区的轮廓清晰，界限分明，看上去仿佛泼墨山水一般漂亮。它的体重一般为 4~6.5 千克，身材比例适当，四肢修长，骨骼纤细，肌肉发达，体形匀称，体态优雅。

饲养指南：猫咪比较怕冷，家里哪儿比较暖和，它就愿意待在哪儿。主人可以把猫笼或猫窝安放在家里温度比较高的地方，比如空调出风口附近、取暖器旁边或向阳房间的窗户边上等。冬天天气寒冷的时候，可以给猫窝里铺一个电热毯，需要注意的是，电热毯不能铺满猫窝，应留一定余地。

小贴士：东方短毛猫的适应能力很强，面对陌生的环境可以泰然处之，很少出现恐惧等负面情绪。换了新环境，其他品种的猫咪常会感到害怕，甚至出现应激反应，而东方短毛猫则不然，它能很快适应新环境，早早地开始自己的新冒险。

头部呈楔形

身材苗条纤细，呈直筒形

耳朵较大，基部较宽，尖端略圆，两耳间距大

眼睛为绿色，眼梢明显倾斜

胸部狭窄

前腿比后腿略短

被毛颜色为黑、白两色，黑、白色毛区的轮廓清晰，界限分明

尾巴细长，由根部到尾尖逐渐变细

| 原产地：英国 | 长毛异种：黑白色东方长毛猫 | 寿命：14~20岁 | 个性：活泼 |

哈瓦那猫

1954 年该品种首次在英国展出时，因当时此品种独特的体形尚未出现，而饱受"太像缅甸猫"这样的非难，后来因出现半外国型的体形而首先获得美国的承认。这种猫的颜色和哈瓦那出产的雪茄的颜色很像，美国人便称其为"哈瓦那猫"，英国人最初则称这种猫为"外来褐色猫"。

主要特征： 哈瓦那猫体形中等大小，腰高背平，肩颈部与身体的比例协调，全身肌肉发达且富有动感。它的被毛短而有光泽，颜色为暖色调的鲜栗褐色，色泽均匀，没有杂色毛。头呈三角形，鼻子挺直，鼻梁略凹陷；耳朵大，尖端略圆，微向前倾；眼睛大，近似卵形，颜色为绿宝石色；脸颊瘦，吻部细且略突出，长胡须的部位有凹陷，胡须为棕色。尾巴中等长度，尖端渐细。四肢细长，与尾巴和身体比例和谐。

耳朵很大，基部较宽

四肢细长

脚掌小，呈椭圆形

头部呈三角形

腰部较高

头部长度稍大于宽度

鼻子挺直且较长

胸部狭窄

脸颊瘦削

全身被毛为暖色调的鲜栗褐色，色泽均匀，没有杂色毛

吻部细小，形状精致

体形中等，肩颈部与身体的比例协调

肌肉发达

眼睛为绿宝石色

背部平

饲养指南： 哈瓦那猫智商高，且适应能力非常强，但它不能忍受孤独，主人需要花很多时间陪伴它。

血统与起源： 为了得到颜色更温暖的棕色猫，英国繁育者用被毛具有巧克力色毛区的暹罗猫公猫与黑色英国短毛猫母猫杂交，然后又用杂交后代和俄罗斯蓝猫等品种杂交，最后选育出现在的哈瓦那猫。

小贴士： 美国和英国都有哈瓦那猫，如今，这两种哈瓦那猫的形态已有了较为明显的区别。英国哈瓦那猫具有典型的东方形态，身体更修长，头更长，脸更尖，体态与暹罗猫差不多。而美国哈瓦那猫的体态更接近俄罗斯蓝猫，身体呈半矮脚马形，头部相对较短，脸较圆，且被毛要比英国哈瓦那猫的长。

尾巴中等长度，根部较粗，尖端渐细

| 原产地：英国 | 长毛异种：棕色东方长毛猫 | 寿命：14~20 岁 | 个性：活泼 |

83

棕色白色猫

这个品种的猫智商都很高，是一般纯种猫无法比拟的。它们天生好动，给人一种"精力无限"的感觉。它们的外表颇具异国韵味，充满了神秘感。

主要特征： 棕色白色猫的被毛颜色为棕色和白色，两种颜色的毛分布均匀，且轮廓清晰，头面部、背部、尾巴及四肢的部分区域主要为棕色，颈前部、胸部、腹部及四肢的部分区域为白色。

饲养指南： 主人最好每天陪猫咪做 30 分钟左右的运动或游戏。这样既可以增进你和猫咪的感情，又可以一起锻炼身体，保持身体健康。

小贴士： 东方短毛猫头部圆、宽、过短，吻部短、宽，鼻终止或脸颊和鼻出现分界，耳小、耳间距太小，身体短而粗壮，四肢短，被毛粗糙等均会被视为失格。

耳朵大，基部宽

眼睛杏仁形，祖母绿色

鼻子挺直

尾巴细长，尾尖较尖

被毛颜色为棕色和白色，两种颜色的毛分布均匀，界限清晰可辨

头部呈楔形

吻部小且精致

颈前部、胸部、腹部及四肢的部分区域为白色

四肢修长

| 原产地：英国 | 长毛异种：棕色白色东方长毛猫 | 寿命：14~20 岁 | 个性：活泼 |

玳瑁色白色猫

东方短毛猫不仅体形修长，体态优雅，而且走起路来姿态雍容高贵，显得非常有教养。

主要特征： 玳瑁色白色猫具有典型的玳瑁色图案，玳瑁色毛区分布于头顶部、背部和尾巴处，白色毛区一般分布在身体下部与吻部，脸上多有面斑。头部的侧面轮廓为直线形，没有鼻终止，从侧面看，头骨微突出。眼睛一般为祖母绿色。

饲养指南： 其实并非所有的猫咪都爱吃鱼，不过鱼肉中富含猫咪所需的各种营养，尤其是对眼睛有益的牛磺酸，某些鱼肉中含有

的不饱和脂肪酸 ω-3 还能让猫咪拥有亮丽的皮毛。

小贴士： 东方短毛猫与安静的英国短毛猫和欧洲短毛猫不同，它们非常喜欢"喵喵"叫。虽然声音不大，但也很让人困扰，因此在决定养它之前，主人一定要考虑清楚。

头部呈楔形

耳朵大，呈三角形

鼻子挺直

眼睛明显向耳朵倾斜，祖母绿色

脸颊瘦削，脸上有面斑

玳瑁色毛区分布于头顶部、背部和尾巴处

脚掌小，呈椭圆形

白色毛区一般分布在身体下部与吻部

| 原产地：英国 | 长毛异种：玳瑁色白色东方长毛猫 | 寿命：14~20 岁 | 个性：活泼 |

黑玳瑁色银白斑点猫

黑玳瑁色银白斑点猫在参展或参赛时，专家和评委对这种猫身上具有的虎斑斑纹及东方猫的体形更为看重，至于它身上的玳瑁色斑纹则不那么重要。

主要特征：黑玳瑁色银白斑点猫被毛的基色为较浅的蓝色，同时带有银色，斑纹为略深的蓝色，身上的斑点是圆形的，并且轮廓分明。额头有"M"形虎斑斑纹，一直延伸到耳朵后方。

饲养指南：成年的东方短毛猫比较喜欢质地干脆的猫粮，不太喜欢被浸泡过的、软塌塌的食物，所以主人应该喂它们吃干猫粮。猫咪的日常饮食中不能缺少肉类食物，这点与狗狗不同，只要营养搭配均衡，狗狗一般是可以吃素食的。所以主人应注意猫粮中肉类的含量，平时也可以给猫咪吃一些自制的熟肉或猫咪专用的肉罐头。

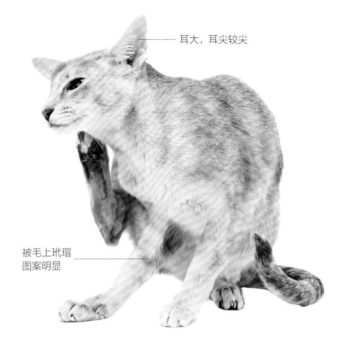

耳大，耳尖较尖

被毛上玳瑁图案明显

小贴士：东方短毛猫活泼好动，好奇心强，喜欢攀高跳远和与人嬉戏，且对主人忠心耿耿。此外，这种猫和其他性格我行我素的猫咪不同，如果是主人在它很小的时候便陪伴其左右，它会像狗狗一样听主人的话。

头部的侧面轮廓线条较直，头骨微突出，没有鼻终止

尾巴细长柔软

头上有"M"形虎斑斑纹

眼睛为绿色，眼梢倾斜

被毛的基色为较浅的蓝色，同时带有银色，斑纹为略深的蓝色

脚掌小，呈椭圆形

原产地：英国 | 长毛异种：黑玳瑁色银白斑点东方长毛猫 | 寿命：14~20岁 | 个性：活泼

棕色虎斑猫

　　东方短毛猫中的虎斑纹品种的培育始于虎斑纹暹罗猫的育种，一开始，繁育者们用暹罗猫与非纯种的虎斑猫进行杂交，再用杂交后代与哈瓦那猫和虎斑纹重点色暹罗猫交配，经过一段时间的选育后，得到了具有虎斑斑纹的东方短毛猫。

耳朵大而尖，耳内饰毛发达

颈部有完整的环纹

主要特征： 棕色虎斑猫被毛的底色为较深的乳黄色，虎斑斑纹为深棕色，眼睛为绿色。这种猫的被毛底色与虎斑斑纹形成了鲜明的对比，是东方虎斑纹短毛猫中比较出色的品种之一。

饲养指南： 潮湿的天气对猫咪来说是很不好的，因为猫咪的皮肤很可能因此而感染真菌。真菌感染会导致猫咪脱毛，皮肤发红、开裂、渗出液体，如果不及时治疗，可能会发展为猫癣。猫癣的癣斑一般为圆形或近圆形，上面覆盖灰色鳞屑，多发于猫咪的脸部、躯干、四肢等处。生了猫癣的部位，毛发会变得粗糙易折断。如果猫咪得了猫癣，主人可以先将猫癣部位及其周边的毛剃掉，然后用热肥皂水清洗患处，将皮屑等洗净后，再涂上抗真菌的药膏，同时可以给猫咪喂食一些 B 族维生素以辅助治疗。如果猫癣迟迟不愈，主人最好带猫咪就医治疗。

头部侧面线条较直

被毛短而浓密，手感细腻，较为服帖

尾巴细长，尾尖为带黑色的深褐色

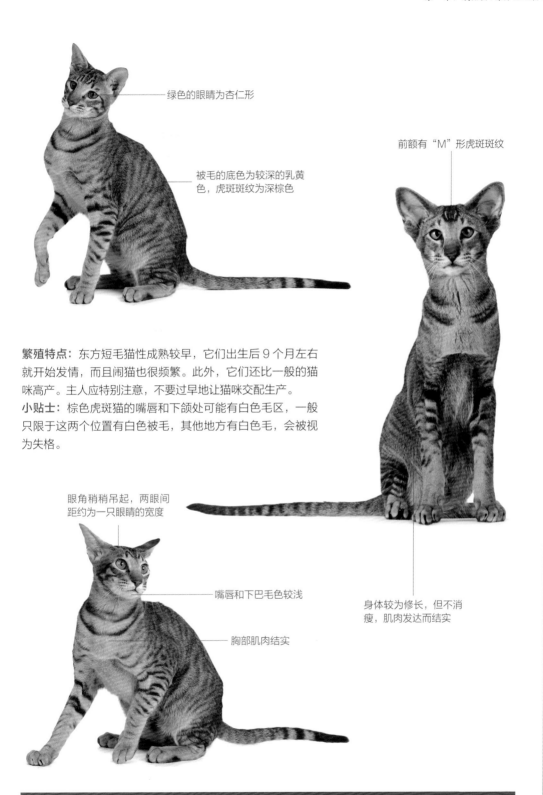

绿色的眼睛为杏仁形

前额有"M"形虎斑斑纹

被毛的底色为较深的乳黄色，虎斑斑纹为深棕色

繁殖特点： 东方短毛猫性成熟较早，它们出生后 9 个月左右就开始发情，而且闹猫也很频繁。此外，它们还比一般的猫咪高产。主人应特别注意，不要过早地让猫咪交配生产。

小贴士： 棕色虎斑猫的嘴唇和下颌处可能有白色毛区，一般只限于这两个位置有白色被毛，其他地方有白色毛，会被视为失格。

眼角稍稍吊起，两眼间距约为一只眼睛的宽度

嘴唇和下巴毛色较浅

胸部肌肉结实

身体较为修长，但不消瘦，肌肉发达而结实

| 原产地：英国 | 长毛异种：棕色虎斑东方长毛猫 | 寿命：14~20 岁 | 个性：活泼 |

87

乳黄色斑点猫

最开始，东方短毛猫是作为暹罗猫的一个或几个品种为人们所熟知的。20世纪60年代，在英国出版的刊物上经常能看到有关"外国短毛猫"的报道，所谓的外国短毛猫，就是东方短毛猫。直到1975年，美国才正式承认东方短毛猫为独立的猫咪品种。

主要特征：乳黄色斑点猫被毛的底色为浓乳黄色，斑点的颜色为深褐色，斑点为间隔均匀的圆形。

饲养指南：东方短毛猫的肠胃比较弱，一旦它适应了某一品牌的猫粮，主人最好不要轻易换品牌，如果必须为猫咪更换其他品牌的猫粮，一定不要立即更换，而应

有一个循序渐进的过程。

小贴士：各种虎斑花色的东方短毛猫越来越受到更多爱猫人士的喜爱。

耳朵大而尖，基部宽

被毛的底色为浓乳黄色，斑点的颜色为深褐色，斑点为间隔均匀的圆形

尾巴上有环纹

前额有清晰的"M"形斑纹

四肢上有明显的横条纹

颈部有不完整的环纹

躯干细长，体形苗条

| 原产地：英国 | 长毛异种：乳黄色斑点东方长毛猫 | 寿命：14~20岁 | 个性：活泼 |

巧克力色猫

可能是加入了英国短毛猫的基因，东方短毛猫和非常好动的暹罗猫比起来，性格要显得沉静一些，但同样对人亲切，且需要主人时常陪伴。

主要特征：巧克力色猫体形苗条，被毛颜色为深巧克力色，没有杂色毛，质地柔软纤细，色泽油亮光滑。眼睛颜色为绿色。巧克力色猫的幼猫被毛颜色较浅。

饲养指南：猫咪对气味很敏感，如果家里同时养了两只猫，洗澡时不能只给其中一只洗，那样会使没有洗澡的猫闻不出洗过澡的猫的气味，并因此拒绝与其玩耍。

小贴士：东方短毛猫被毛细短光滑，很容易保养。它们的毛色和花纹多样，一位基因学家曾测算出这种猫可能出现的颜色，竟多达近400种。

头形长

脸颊凹陷，吻部细小

尾巴细长柔软

被毛颜色为深巧克力色，没有杂色毛，全身被毛油亮光滑、毛色均匀

胸部肌肉发达

身体侧面轮廓成直线

四肢细长，肌肉结实

| 原产地：英国 | 长毛异种：巧克力色东方长毛猫 | 寿命：14~20岁 | 个性：活泼 |

阿比西尼亚猫

又称埃塞俄比亚猫、兔猫、球猫

阿比西尼亚猫因步态优美也被誉为"芭蕾舞猫"。人们相信阿比西尼亚猫是最古老的土产猫之一，许多人认为，被古埃及人视为"神圣之物"的古埃及猫是这种猫的祖先。据说在已发现的古埃及猫木乃伊中，有一种毛色血红的猫与现代阿比西尼亚猫长得很像。还有人认为，这种猫的外形、被毛颜色、耳朵与非洲山猫十分相像，它有可能是非洲山猫的后代。不论祖先是谁，这种猫的血统来自非洲，且十分古老，这一点是毋庸置疑的。

淡紫色猫

阿比西尼亚猫在 1983 年才得到英国猫协会的认可，目前已发展出许多不同颜色品种，是非常流行的短毛猫。其中，淡紫色品种最为常见。

主要特征： 淡紫色猫的被毛短而浓密，基色为暖色调的带粉红色的灰色，毛发上有同色的斑纹。它体形苗条，四肢细长，肌肉发达。头为楔形，眼睛大，呈金黄色、绿色和淡褐色。

饲养指南： 小猫身体抵抗力差，为了它的健康，要全面关注饲养小猫的环境，定时清洁小猫的窝。

繁殖特点： 阿比西尼亚猫的繁殖能力不强，每次产仔 4 只左右，刚出生的小猫毛色是黑色的，以后会逐渐变浅。

头部形状精巧，为稍圆的三角形

背部毛色较深

四肢细长

小贴士： 1868 年，一位英国士兵从埃塞俄比亚（旧称阿比西尼亚）战场回英国时带回一只当地土猫，此后人们开始培育这种猫，他们用英国短毛猫与这种猫杂交，最后得到了现代阿比西尼亚猫。

耳朵大而直立，耳朵基部宽

眼大，呈杏仁形，眼梢斜向耳朵

被毛短而浓密，基色为暖色调的带粉红色的灰色

尾巴长而尖，呈锥形

身体修长

| 原产地：英国 | 长毛异种：淡紫色索马里猫 | 寿命：15~20 岁 | 个性：温和、独立 |

巧克力色猫

　　巧克力色的阿比西尼亚猫出现得较晚，它四肢细长，肌肉发达，躯干柔软灵活，尾巴、脚掌和虎斑猫相似，但身形体态与虎斑猫有差别。

主要特征： 巧克力色猫的身体背部和后肢外侧为巧克力色，被毛色泽和斑纹均匀。它的下颌、吻部及眼边缘有浅奶黄色条纹。具有这样的条纹，再加上头上有许多斑点，让它看上去很像小型美洲狮。

饲养指南： 阿比西尼亚猫适应力很强，喜欢单独居住，性格顽皮，活泼好动，尤其擅长攀爬，因此主人最好给它提供比较宽敞的居住和活动空间，如果不能经常带它出门运动或玩耍，可以在家中放置猫爬架供它玩耍。阿比西尼亚猫性情温和，很通人性，但和其他猫咪不同的是，它不喜欢被人抱，所以主人一定要尊重它，不要随意抱它。此外，阿比西尼亚猫比较害怕陌生人，主人应多加注意。

耳朵大而直立，耳郭边缘薄

颈部肌肉结实

吻部短而坚实

体形中等，肌肉发达，身体各部分比例协调

鼻梁稍隆起

下巴、吻部及眼边缘有浅奶黄色条纹

脚掌纤巧

眼睛较大，呈杏仁形，眼角稍稍吊起，边缘为黑色，眼周被褐色毛覆盖

身体背部和后肢外侧为巧克力色，被毛色泽和斑纹均匀

小贴士： 这种猫有着悦耳的叫声，声音柔和、不吵闹，而且就算处于发情期，也不会发出很大的叫声。

尾巴较长，呈锥形，根部粗大，尖端渐细

原产地：英国 ｜ 长毛异种：巧克力色索马里猫 ｜ 寿命：15~20岁 ｜ 个性：温和、独立

普通猫

阿比西尼亚猫体态优雅迷人，大眼睛里总是闪烁着迷人的光彩，是很受欢迎的短毛猫品种。

主要特征：普通猫的被毛颜色为金棕色，毛根颜色稍发红，每根毛都有2~3道斑纹。它的体形中等大小，骨骼纤细，整个身体比例协调。头呈楔形，眼睛大，呈杏仁形，眼角稍微吊起；鼻子大小适中；耳朵大而直立，基部宽，尖端稍尖并前倾，耳内有饰毛。四肢细长，脚掌较圆，脚趾为卵形。尾巴较长，呈锥形，根部粗大，尖端渐细。

饲养指南：阿比西尼亚猫运动量大，因此进食欲望也很旺盛，尤其爱吃各种肉食，主人应为它准备充足的肉类食物，以满足它日常所需。为了营养全面均衡，还要给它喂食一些蔬菜、谷物类食物。不过也要注意，这种猫体形较瘦，长胖不但影响它优美的外形，对它的健康也很不利，主人一定要注意别让猫咪吃得过多。

小贴士：这种猫有"狗狗猫"之称，就像狗狗一样，和善、亲人、聪明，如果多加训练，它能学会一些简单的游戏和技巧，很受人喜爱。

前额有"M"形斑纹

身体各部位比例匀称协调

尾巴根部粗

被毛颜色为金棕色，毛根颜色稍发红

被毛细密柔软

鼻梁稍隆起，吻短而坚实

耳朵稍尖且向前倾，耳毛短而密

尾尖端为黑色

脚掌较圆，脚趾为卵形

四肢细长

原产地：英国 | 长毛异种：浅红色索马里猫 | 寿命：15~20岁 | 个性：温和、独立

柯尼斯卷毛猫

又称康沃尔帝王猫

　　柯尼斯卷毛猫起源于英国的康沃尔郡，它最明显的特征是具有形似搓衣板的卷曲的皮毛。这种猫既非长毛猫，也非短毛猫，它的被毛结构十分特殊。一般来说，猫咪的被毛有三种——长而粗的护毛、较细但厚实的芒毛以及极细的绒毛，但是柯尼斯卷毛猫没有护毛和芒毛，只有又细又柔软的绒毛，这让它显得十分与众不同。柯尼斯卷毛猫的毛色多样，体形细长，头部小而尖，脸颊高，耳朵非常大，看上去极富东方风情和格调。

乳白色猫

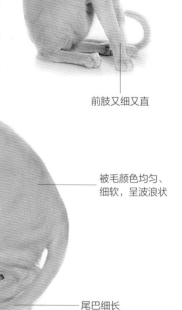

前肢又细又直

　　第一只柯尼斯卷毛猫是 1950 年出生于英国康沃尔郡某个农场的一只红白色小公猫，其被毛呈波纹形，胡须也是卷曲的。兽医建议猫咪的主人用这只公猫和它的母亲交配，结果又繁育出几只卷毛小猫，于是一项试验性育种计划便开始了。该品种于 1967 年首次得到公认可参加猫展。

主要特征： 乳白色猫的被毛颜色为微微发黄的白色，身体修长健壮，耳朵比较大，耳朵基部宽，尖端为圆形。胡须和眉毛卷曲。

饲养指南： 这种猫咪使用爪子就像人使用手一样灵活，它们可以拿起小物品，有些还会转动门把手来开门，主人可在其幼猫时期予以适当教导。因为被毛只有绒毛而缺少护毛，所以这种猫咪比较怕冷，尤其不喜欢阴冷潮湿的气候，到了秋冬季节，主人应注意为猫咪做好保暖措施。

小贴士： 柯尼斯卷毛猫若被毛粗杂、不卷曲，尾巴扭曲，即被视为失格。

耳朵较大，基部宽，尖端为圆形

被毛颜色均匀、细软，呈波浪状

尾巴细长

| 原产地：英国 | 长毛异种：无 | 寿命：13~18 岁 | 个性：顽皮、机灵、喜欢社交 |

白色猫

　　白色猫是单色柯尼斯卷毛猫中比较常见的颜色品种，也是比较受欢迎的颜色品种。

主要特征：柯尼斯卷毛猫体形中小，身体细长高挑，肌肉发达健壮，看上去既灵活又有力量。头形似鸡蛋般小而圆润，头顶较平；耳朵特别大，基部宽，尖端为圆形；眼睛大，为椭圆形，眼角稍微吊起，颜色有金黄色、古铜色、蓝色等。四肢细长且直，脚掌较小。尾巴细长，密被一层卷毛，像鞭子一样富有弹性。

饲养指南：柯尼斯卷毛猫乐于亲近人，喜欢和人互动，被人拥抱抚摸，所以主人要经常陪它玩耍，拥抱抚摸它。它喜欢参与家中的大小事务，不喜欢被关起来，受到冷落或感到孤独，会变得情绪低落，久而久之，身体健康也会受到影响。

耳朵大，基部宽

小贴士：这种猫具有任何毛色和花纹都是被允许的，比如各种单色、重点色、玳瑁色、双色、三花等都能出现在它们的身上，其中以白色和虎斑斑纹最为常见。相对于毛色来说，被毛的质地更为重要。

头形似鸡蛋般小而圆润，头顶较平

尾巴细长，密被一层卷毛，像鞭子一样富有弹性

眼睛大，为椭圆形，眼角稍微吊起，颜色有金黄色、古铜色、蓝色等

被毛很短，呈波浪状

身体细长健壮、肌肉发达

| 原产地：英国 | 长毛异种：无 | 寿命：13~18岁 | 个性：顽皮、机灵、喜欢社交 |

黑色猫

　　柯尼斯卷毛猫的皮毛与贵宾犬的很相似，除了换毛的季节，这种猫咪不太容易掉毛，加上亲人的性格，是公认的卧室猫。

主要特征： 黑色猫拥有漆黑发亮的被毛，在黑色被毛的衬托下，它的眼睛显得更大、更明亮，看起来像小精灵一般可爱。品质好的黑色猫，身上被毛颜色纯正且无杂色毛；身体曲线优美，纤细而有力；头为蛋形，耳朵大而直立；四肢和尾巴都细而长，脚掌小巧玲珑。

饲养指南： 柯尼斯卷毛猫有时会因尾巴根部皮脂腺分泌旺盛而罹患公猫尾（或称种马尾）这种皮肤病，这种病主要出现在未阉割的公猫身上。如果猫咪得了这种病，主人可将它患处的毛剃净，然后用专用洗剂清洗患处。

耳朵很大，高于头部并直立，尖端略圆，两耳间距较大

幼猫眼睛颜色与成年猫不同

被毛柔滑，呈波浪状卷曲

眼睛大，呈金黄色

四肢修长

脚掌小巧玲珑

小贴士： 除了英国，在美国和德国也有卷毛猫的品种，德国的卷毛猫出现于 20 世纪 30 年代，但现在德国卷毛猫的数量非常少，即使是在德国也很难见到。美国卷毛猫的数量也不多，它们与英国卷毛猫单从外形上就能很容易地区分开来，因为前者并不具备典型的东方格调。

鼻子较直

尾巴细长

原产地：英国　|　长毛异种：无　|　寿命：13~18岁　|　个性：顽皮、机灵、喜欢社交

浅蓝色白色猫

大概是被毛比较短的缘故，柯尼斯卷毛猫喜欢较高的环境温度，并会尽量靠近热源，即使是在夏天炎热的日子里，它们也喜欢晒太阳。

主要特征： 浅蓝色白色猫的被毛颜色为灰蓝色，深度较浅，一般在脸上会有同色斑块，很少一部分猫咪的斑纹图案是对称的，对称斑纹被视为非常难得的性状。这种猫的头部，不论是从正面看还是从侧面看，线条都不僵硬，具有柔和的弧度；虽然脸小小的，但下颌发育良好，看上去较为强壮。肩膀坚实，臀部浑圆，肌肉发达。

饲养指南： 这种猫的被毛很短，而且都是绒毛，所以皮毛会有点油，主人可以用麦麸为猫咪洗澡，这样有助于去除它们身上的多余油脂。

小贴士： 柯尼斯卷毛猫的适应性极强，性格稳定，非常乐于参加社交活动，对噪声也不敏感，即使身处吵闹的展会或赛会现场，也很少出现应激反应。它喜欢亲近人，能与家中的其他宠物和平相处，出门旅行的时候带上它也没有任何问题，是非常理想的家庭宠物。

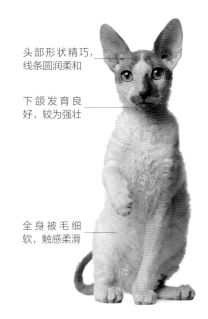

头部形状精巧，线条圆润柔和

下颌发育良好，较为强壮

全身被毛细软，触感柔滑

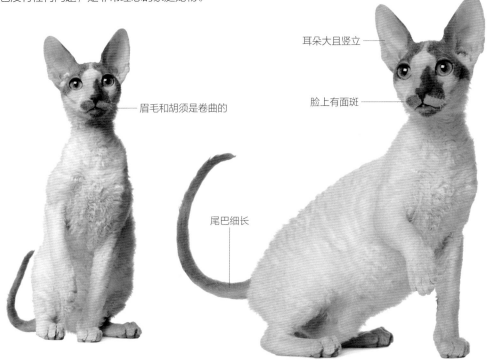

眉毛和胡须是卷曲的

耳朵大且竖立

脸上有面斑

尾巴细长

原产地：英国	长毛异种：无	寿命：13~18岁	个性：顽皮、机灵、喜欢社交

淡紫色白色猫

　　柯尼斯卷毛猫性格活泼、顽皮，和其他猫种不同，它们即使成年了也不会丧失对游戏的兴趣，仍会像幼猫一样喜欢玩耍。

主要特征：淡紫色白色猫的被毛由淡紫色和白色两种颜色组成，两种颜色的被毛轮廓清晰，界限分明。这里的淡紫色是指带有粉红色的浅灰色。它的被毛短而柔软，且都是卷曲的，即使腹部和尾巴上的被毛也不例外，就连胡须和眉毛都打着"自来卷"。它的头较小，颈部曲线优美，胸部厚实，背部呈拱形，腰部较细，四肢修长，尾巴细长，整体看上去姿态优雅，矫健有力。

饲养指南：柯尼斯卷毛猫食欲旺盛，还不挑食，几乎能吃任何品牌的猫粮和自制猫食，这会对它们的体重控制造成一定的麻烦，因此主人要对它们的饮食加以控制，不能让它们暴饮暴食。这种猫咪的被毛很短且结构简单，比较好打理，主人可以从头至尾抚摸它们的皮毛，帮助它们梳理卷曲的毛发，抚摸的时候要注意力度，太重或太轻都不行。

椭圆形的眼睛大，呈金黄色

胸部厚实

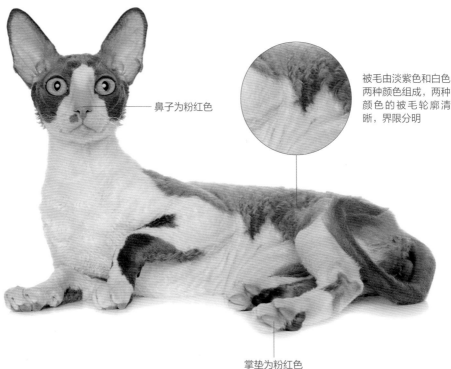

鼻子为粉红色

被毛由淡紫色和白色两种颜色组成，两种颜色的被毛轮廓清晰，界限分明

掌垫为粉红色

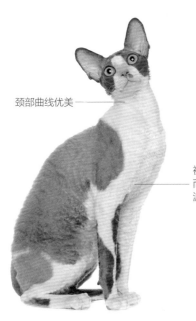

颈部曲线优美 —

评审标准： 被毛短，柔软、丝滑、稠密，紧贴在身体上，为整齐的波浪状；头的长度大于宽度的 1/3；鼻子为罗马鼻（鼻梁长，鼻骨处有一段隆起），长度为头部长度的 1/3。

被毛只有一层绒毛，短
而柔软卷曲，呈细密的
波浪状，手感顺滑

鼻梁高且直 —

小贴士： 有些幼猫出生 1 周后，身上卷曲的被毛会变直甚至脱落，要到 2~5 个月后被毛才会重新卷曲，此后被毛始终保持卷曲状态。在此之前，区分柯尼斯卷毛猫最好的方法就是看它们的胡须，因为不论大小，它们的胡须一直都是卷曲的。

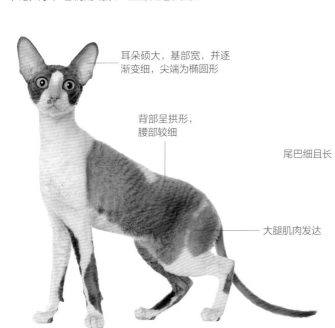

耳朵硕大，基部宽，并逐
渐变细，尖端为椭圆形

背部呈拱形，
腰部较细

尾巴细且长 —

大腿肌肉发达

四肢细长，脚
趾紧凑而有力

原产地：英国 ｜ 长毛异种：无 ｜ 寿命：13~18 岁 ｜ 个性：顽皮、机灵、喜欢社交

97

德文卷毛猫

又称德文帝王猫

德文卷毛猫于1967年得到公认并开始参加猫展，是继柯尼斯卷毛猫后被发现的又一种卷毛猫。1960年，在英国德文郡发现了一只卷毛猫，起初人们以为这种猫和柯尼斯卷毛猫有血缘关系，但是用两种猫交配生下的后代却都是直毛猫，这就证明它们的基因有区别，没有血缘关系，是两种不同的猫。单从被毛的特征来看，德文卷毛猫的被毛更为卷曲，但触感上要粗糙一些。

白色猫

无论是外形还是性格，德文卷毛猫都给人一种小妖精般的感觉，所以也被人们称为"小精灵猫"。

主要特征： 被毛为纯白色，背部和尾部的被毛卷曲最为明显。耳朵较大，眼睛为大大的椭圆形，颜色不一，吻部较短小，颧骨和须垫突出。

饲养指南： 德文卷毛猫的被毛非常好打理，洗过澡后不需要用吹风机吹干，只需要用毛巾擦干或晒晒太阳就可以了。

评审标准： 在所有德文卷毛猫的评审标准中，头面部的标准占比较高，如头的宽度要大于长度，头盖骨平坦；面部应该有较高的颧骨和突出的须垫；下颌强壮，与鼻子在一条线上；耳朵大，呈壶柄形；眼睛大，椭圆形，眼角稍微吊起，等等。

小贴士： 德文卷毛猫高兴时会像狗一样摇尾巴，再加上它的被毛弯曲，所以人们送给它"卷毛狗猫"的戏称。

头部呈楔形

脸较短

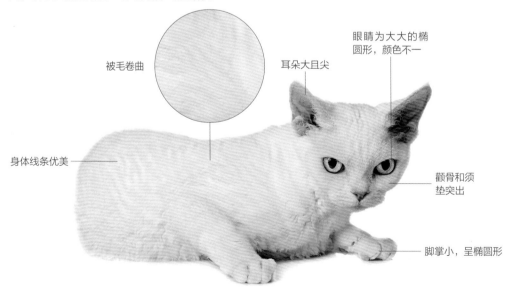

被毛卷曲

身体线条优美

耳朵大且尖

眼睛为大大的椭圆形，颜色不一

颧骨和须垫突出

脚掌小，呈椭圆形

| 原产地：英国 | 长毛异种：无 | 寿命：13~18岁 | 个性：活泼、顽皮 |

乳黄色虎斑重点色猫

繁育者用德文卷毛猫与缅甸猫、孟买猫、暹罗猫等品种进行杂交，培育出各种颜色的猫咪品种，乳黄色虎斑重点色猫有暹罗猫典型的重点色特征。

主要特征：乳黄色虎斑重点色猫被毛浓密卷曲，头部、四肢和尾巴上的虎斑斑纹清晰可见。它是中小型猫，具有浓重的东方格调，身材细长但不瘦弱，有肌肉感；颈部长，线条优美；胸部宽阔发达；四肢较长，前肢较直；尾巴与身体等长，纤细，尖端渐尖。

饲养指南：与柯尼斯卷毛猫相似，德文卷毛猫活泼、顽皮，性喜自由，主人不要长期把猫咪关在笼中或狭小的空间里喂养，这样对猫咪的健康很不利。

小贴士：不提倡用德文卷毛猫和柯尼斯卷毛猫杂交。

眼睛很大，为清澈明亮的蓝色
耳朵宽大
头上有"M"形斑纹
四肢较细
颧骨凸出
尾巴上有明显的斑纹
脚掌较小，为椭圆形

原产地：英国 | 长毛异种：无 | 寿命：13~18岁 | 个性：活泼、顽皮

棕色虎斑猫

德文卷毛猫非常喜欢与人类接触、交朋友，尤其爱和主人待在一起，主人的胸口、脖子和肩膀都是它们喜欢停留的地方。

主要特征：棕色虎斑猫体毛较短且卷曲，身上虎斑斑纹清晰。幼猫的被毛不如成年猫的浓密。它的额头大而饱满，脸颊突出，脸形比较扁；鼻子较短，且断点鲜明；耳朵的位置较低，其基部宽，耳尖稍圆，耳朵前面没有被毛。身体细长而强壮，姿态优美。

饲养指南：德文卷毛猫活泼好动，好奇心重，"拆家"的本领高强，主人要注意对它进行训练，以帮助它养成好的习惯。

小贴士：德文卷毛猫的被毛少而薄，且紧贴身体，因此比较怕冷，不适合长期待在户外或寒冷、潮湿的环境中。

眼睛为大大的椭圆形
耳朵大且尖，基部很宽
颈部较细
有明显的颧骨和突出的吻部
腿较细
脚掌小，呈椭圆形
身上虎斑斑纹清晰

原产地：英国 | 长毛异种：无 | 寿命：13~18岁 | 个性：活泼、顽皮

海豹色重点色猫

德文卷毛猫的被毛品质非常重要，不过一般幼猫要到 18 个月大的时候才能长好被毛。虽然它们的被毛少而薄，但分布非常均匀。

主要特征：海豹色重点色猫被毛的底色为暖色调的黄褐色，重点色为较深的海豹褐色，两种颜色对比鲜明。这种猫的眼睛为明亮的蓝色。

饲养指南：德文卷毛猫不需要主人频繁地为它洗澡，因为猫咪体表会分泌出一种保护皮肤的油脂，过于频繁的洗澡容易破坏这层保护层，使猫咪的皮肤更易受到外界细菌的侵害。如果猫咪身体爱出油，可用麦麸为它进行干洗，这样既能帮它清洁身体，还不会破坏它的皮肤保护层。此外，它的耳朵也比较爱出油，若不及时清洗，很容易藏污纳垢，影响健康。给这种猫喂食时，应尽量以肉食为主，它是可以吃生肉的。

小贴士：与头部形态及体态相比，德文卷毛猫的毛色和花纹显得不那么重要，各种颜色和花纹都是可被接受的。

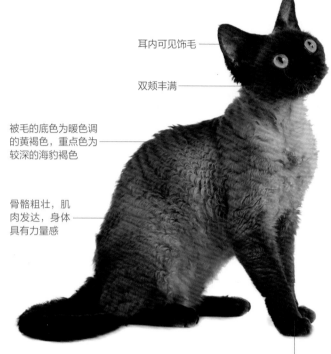

耳内可见饰毛

双颊丰满

被毛的底色为暖色调的黄褐色，重点色为较深的海豹褐色

骨骼粗壮，肌肉发达，身体具有力量感

脚掌大而圆

颈部粗短

被毛厚密、卷曲，呈波浪状

尾巴粗，尾尖为圆形

头大且圆

眼睛呈杏仁形

四肢骨骼强壮，肌肉发达

| 原产地：英国 | 长毛异种：无 | 寿命：13~18 岁 | 个性：活泼、顽皮 |

黑白色猫

　　德文卷毛猫的适应性很强，在猫展上，面对外界的嘈杂，它们并不感到害怕，而是会兴奋地向外观望。

主要特征：黑白色猫被毛的黑色毛区和白色毛区轮廓清晰，界限明显。它的体形修长，四肢强壮有力，脚掌小，呈椭圆形，脚趾为粉红色。眼睛非常大，呈椭圆形，两眼间距等于或大于一只眼睛的宽度。下颌强壮，不后缩。成年猫的耳朵大，幼猫的耳朵更大。

饲养指南：这种猫咪虽然个头不大，身体偏瘦，却是个"大胃王"，遇到喜欢的食物，会没有节制地大吃特吃，主人一定要注意控制猫咪的食量，别让它因暴食而出现健康问题。这种猫咪很会自娱自乐，没有人关注它、陪它玩的时候，它就会东跑跑、西跳跳，把家里翻得乱七八糟，因此主人要注意关好门窗，放好贵重物品，固定好易倒的家具器物。

眼睛呈椭圆形

脚掌小，呈椭圆形，脚趾为粉红色

小贴士：德文卷毛猫智商较高，服从性也很高，比较容易训练，它能在很短的时间里记住自己的名字，并学会一些简单的技能和技巧。

头部呈楔形

脸较短

四肢强壮有力

耳朵又大又尖，耳位较低

被毛的黑色毛区和白色毛区轮廓清晰，界限明显

尾巴呈锥形，根部较粗

原产地：英国	长毛异种：无	寿命：13~18岁	个性：活泼、顽皮

彼得秃猫

又称秃毛猫

　　彼得秃猫最初被叫作无毛斯芬克斯猫，之后，人们发现这种猫是与斯芬克斯猫完全不同的品种，因为它首先在俄罗斯的圣彼得堡流行起来，于是人们就为它取名为彼得秃猫。彼得秃猫是无毛的东方品种猫咪，不过它们并不是完全不长毛，它们的毛很细幼且紧贴皮肤，远远看去，好像没有长毛一般。通常它们的皮肤带有皱纹，头部尤其明显。

白色猫

　　彼得秃猫是于 20 世纪末被国际猫协会（简称 TICA）新认定的稀有猫品种，这种猫的脾气很好，在某些方面很像狗，比如对人忠诚、容易与人亲近等。

主要特征： 彼得秃猫最典型的特征是它的被毛从秃毛至短毛不等，总体来说，被毛比较稀疏。彼得秃猫的线条非常优美，皮肤带有皱纹，看上去外形有些奇特。

饲养指南： 彼得秃猫被毛稀疏细幼，所以它们对温度的变化很敏感，它们既怕冷，也怕热，还特别怕晒。因此主人应根据天气情况，为它们保温或防晒降温。

头部呈楔形

四肢上的被毛较密一些

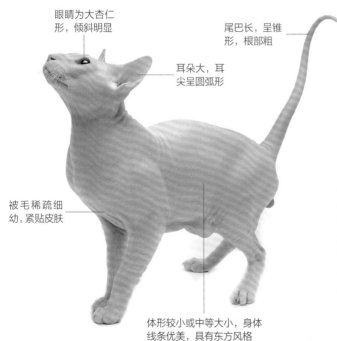

眼睛为大杏仁形，倾斜明显

尾巴长，呈锥形，根部粗

耳朵大，耳尖呈圆弧形

被毛稀疏细幼，紧贴皮肤

体形较小或中等大小，身体线条优美，具有东方风格

血统与起源： 1993 年，繁育者用一只有着东方特征的虎斑加拿大无毛公猫与一只玳瑁色的东方短毛猫交配，它们生育出来的小猫既不是无毛猫，也不是东方短毛猫，而是一个新品种猫咪，即彼得秃猫。

小贴士： 这种猫的皮肤容易晒黑，不可以让它长时间在阳光下暴晒。

| 原产地：俄罗斯 | 长毛异种：无 | 寿命：9~15岁 | 个性：温和、胆小 |

蓝白色猫

彼得秃猫的皮肤温暖而柔软，它们的体温比其他品种猫咪的稍高一些。

主要特征： 彼得秃猫为小型到中型猫，体形细长，全身被极短的毛。头部为楔形，耳朵很大，尖端为圆弧形，耳基部宽；眼睛大，呈杏仁形，眼角稍微吊起。它们全身都有皱纹，以头部的最为明显。

饲养指南： 猫咪是肉食动物，对各种肉食都来者不拒，不过主人一定要注意，猫咪的饮食也应该多样化，单一的饮食对它的健康没有好处：如只吃鱼肉，猫咪会患维生素 B_1 缺乏症；只吃瘦肉，

猫咪体内会缺乏维生素和钙；只吃动物肝脏，猫咪的排泄会出问题。

小贴士： 彼得秃猫幼猫身上的皱纹比成年猫更多，更明显。

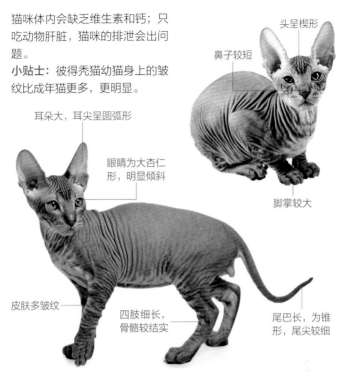

头呈楔形
鼻子较短
耳朵大，耳尖呈圆弧形
眼睛为大杏仁形，明显倾斜
脚掌较大
皮肤多皱纹
四肢细长，骨骼较结实
尾巴长，为锥形，尾尖较细

原产地：俄罗斯	长毛异种：无	寿命：9~15岁	个性：温和、胆小

乳黄色白色猫

彼得秃猫是一种长相奇特的猫，它的奇特不仅在于看起来几乎没有毛，皮肤带有皱纹，还在于它具有独特的蹼足。

主要特征： 这种猫咪的皮肤有皱纹，被毛为稀疏细幼的绒毛，长度只有 1~5 毫米；毛色为较深的乳黄色和白色，其中额头、背部和尾巴为深乳黄色，下颌部、颈部、胸部和腹部为白色。它体形细长，四肢也较长，脚掌较大，尾巴为尖端渐细的锥形。

饲养指南： 彼得秃猫耳朵很大，非常容易堆积污垢，需要主人定期为猫咪做好清理工作。

小贴士： 除了折耳猫以外，多数猫咪的耳朵是向上直立的。当猫咪愤怒或受到惊吓时，耳朵会贴向后方。

头为楔形，带有明显的东方风格
眼睛为杏仁形
四肢长度适中
脚掌大
耳朵很大，基部较宽
吻部突出
皮肤多皱纹
身上有细幼的绒毛
尾巴为锥形

原产地：俄罗斯	长毛异种：无	寿命：9~15岁	个性：温和、胆小

乳黄色斑点猫

这种颜色的彼得秃猫颇受人们喜爱，是彼得秃猫中较为常见的一种。

主要特征： 乳黄色斑点猫的基色为白色和乳黄色，额头至鼻子、颈后部至背部以及尾巴为乳黄色，下颌、颈前部、胸部、腹部和四肢腹面为白色；前额有深乳黄色斑纹，身体上具有较密集的斑点，斑点间界限分明，没有相互混杂融合的现象。头小，呈楔形，吻部突出；耳朵大，耳基部较宽，两耳间距较小；鼻子为砖红色。身体修长，四肢细长，脚掌较大。尾巴细长，呈锥形，从根部到尖端颜色渐深。

饲养指南： 毛发稀疏的猫咪都有一个共同的缺点，那就是皮肤很爱出油，彼得秃猫也不例外，因此主人一定要定时给猫咪洗澡。给这种猫洗澡的时候，除了需用猫咪专用沐浴露、水温要合适之外，还需强调的是，这种猫皮肤褶皱很多，清洗的时候，一定要把褶皱中的污垢洗干净。如果猫咪不太脏，也可以用质地柔软的布为它每天擦拭身体。

头呈楔形

颈部较细

尾巴由根部到尾尖逐渐变细

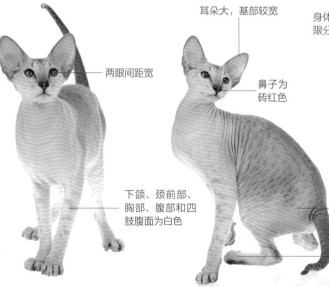

耳朵大，基部较宽

身体上具有较密集的斑点，斑点间界限分明，没有相互混杂融合的现象

两眼间距宽

鼻子为砖红色

小贴士： 猫咪是夜间活动的动物，为了补充精力，它们的睡眠时间比其他动物要长。猫咪每天的睡眠时间在 12 小时以上，部分猫咪的睡眠时间甚至可以达到 20 小时。

下颌、颈前部、胸部、腹部和四肢腹面为白色

基色为白色和乳黄色，额头至鼻子、颈后部至背部以及尾巴为乳黄色

脚掌颜色较深

| 原产地：俄罗斯 | 长毛异种：无 | 寿命：9~15 岁 | 个性：温和、胆小 |

苏格兰折耳猫

又称苏格兰弯耳猫

　　苏格兰折耳猫是一种耳朵基因有突变的猫种。这种猫在耳朵的软骨部分有一个折，使耳朵向前屈折，并指向头的前方。这种猫最初在苏格兰被发现，是以发现地和身体特征而命名的。苏格兰折耳猫有长毛和短毛两种，首先获得承认的是短毛折耳猫，现在这些猫在展示界很有影响力。

巧克力色猫

　　苏格兰折耳猫性格平和温柔，对人和其他宠物都很友好，是很好的家庭宠物。

主要特征： 巧克力色猫体形矮胖，被毛短而有光泽，颜色为深巧克力色，身上没有斑纹。

饲养指南： 为了防止耳骨变形，不允许折耳猫进行同种交配繁殖，可以和立耳的英国短毛猫或美国短毛猫交配繁殖。

血统与起源： 1951 年，在苏格兰的一家农场里，一只本地猫生下一窝小猫，其中有一只小母猫的耳朵与众不同，是向下折的，这只小猫后来又生下同样折耳的猫咪，这引起了繁育者的注意，他们开始用非纯种的短毛猫与折耳猫杂交，后来又引入英国短毛猫的血统，最终培育出苏格兰折耳猫。

小贴士： 幼猫刚出生时耳朵并不是折着的，3 ~ 4 周大时耳朵才开始下折，也有部分猫咪的耳朵一直都不会下折，直到小猫 11~12 周大的时候，繁育者才能大致判断出它们的品相。

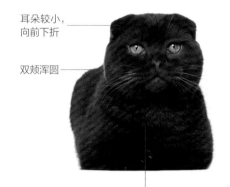

耳朵较小，向前下折

双颊浑圆

被毛短而有光泽，颜色为深巧克力色，身上没有斑纹

前额微突

鼻子宽而短，略有中断

身体矮胖

脚掌有力

眼睛为金橘色，两眼间距颇大

四肢粗壮

原产地：英国	长毛异种：巧克力色长毛苏格兰折耳猫	寿命：13~15岁	个性：安静

蓝色猫

　　别看这种猫长得圆滚滚的，看上去很呆萌，它们可是非常优秀的猎手，对环境的适应能力也非常强，还很吃苦耐劳。

主要特征： 蓝色猫全身被毛为蓝灰色，质地浓密厚实，且富有弹性。它体形矮胖，四肢短且粗壮。头部浑圆，脸颊有肉，成年公猫允许有双下巴；鼻子宽而短；吻部不突出，有须垫；耳朵小，向下折，耳尖圆，两耳间隔较大；眼睛大而圆，呈橘色。

饲养指南： 苏格兰折耳猫的被毛很容易打理，主人只要每周为它梳理一次毛发即可，脱毛期可以适当增加梳理的次数。猫咪日常用的猫窝和猫砂盆最好经常清洗消毒，或者经常放在太阳下晒晒，这样也可以起到很好的杀菌作用。

评审标准： 口鼻处有须垫；颈部短，头应与颈部融合；鼻子短，有轻微的弧度，允许有轻微的中断；耳朵小，向前下垂；被毛稠密、厚实、匀称、竖立；体形中等、浑圆。

小贴士： 折耳猫下折的耳朵是少见的基因突变。因为过去有生出畸形猫的事情发生，所以有一段时期，英国禁止繁育这种猫。

双颊丰满

尾巴根部粗大，尖端渐细，尾尖收拢为圆形

耳朵朝前折，使整个头部线条显得更圆润，耳尖较圆，两耳间隔比较大

橘色眼睛大而圆，稍微向耳朵倾斜

下颚结实有力

四肢粗壮

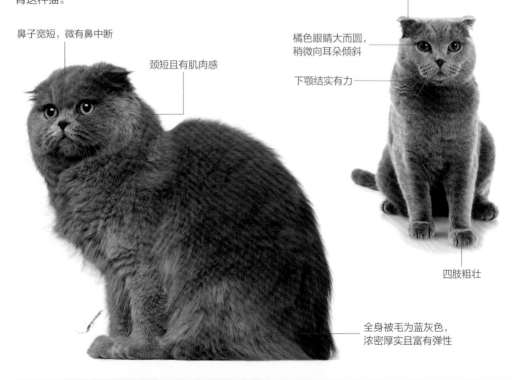

鼻子宽短，微有鼻中断

颈短且有肌肉感

全身被毛为蓝灰色，浓密厚实且富有弹性

| 原产地：英国 | 长毛异种：蓝色长毛苏格兰折耳猫 | 寿命：13~15岁 | 个性：安静 |

淡紫色猫

　　苏格兰折耳猫最先获得美国人的青睐，1973年，这种猫就被美国接纳注册，而直到1984年，英国猫协会才承认这种猫为独立的品种。

主要特征：淡紫色猫的被毛为带粉红色的紫灰色，颜色均匀，深度适中，没有杂色毛，毛发质地柔软、有弹性。这种猫打折的耳朵是指向前方或者向下折的，耳尖指向鼻子。眼睛大，为橘色，两眼间距中等。它的颈部短而结实，且此处的被毛一般比其他部位的长一些。

饲养指南：苏格兰折耳猫喜欢亲近主人，所以不要让它长时间单独留在家中。

小贴士：基本上，折耳猫与折耳猫交配是被禁止的，因为它们的后代出现严重遗传病——"苏格兰折耳猫骨软骨发育不良"的概率很大。有这种病的猫咪，脚掌和尾巴等处的骨骼会出现畸形，而且无法根治，会令猫咪痛苦不堪。一般情况下，这种猫的繁育，都是用折耳猫和英国短毛猫或美国短毛猫进行杂交。所以，养苏格兰折耳猫一定不要追求所谓的纯种，追求折耳，这种行为本身就是不负责任的。

头部浑圆

四肢短而粗壮

吻部微微呈圆形

耳朵朝前折

眼睛大，为橘色，两眼间距中等

被毛为带粉红色的紫灰色，颜色均匀，深浅适中，没有杂色毛

尾巴基部粗，尾尖较圆

身体矮胖

脚掌圆而整齐

| 原产地：英国 | 长毛异种：淡紫色长毛苏格兰折耳猫 | 寿命：13~15岁 | 个性：安静 |

黑白色猫

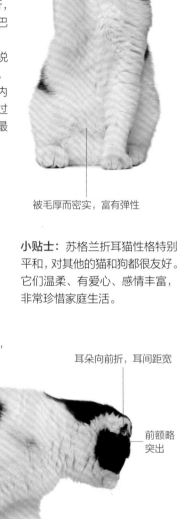

鼻宽而短

　　苏格兰折耳猫非常吃苦耐劳，它们喜欢与人为伴，不过一般会用特有的安静方式来表达，比如安静地"赖"在主人身旁，而不是"喵喵"叫着求关注。

主要特征：黑白色猫的被毛颜色为黑白两色，且两种颜色界限分明。它四肢短而粗壮，身体肥胖、浑圆，耳朵向前屈折，或者耳朵向下折，耳尖指向鼻子。尾巴长度较长，以超过身体长度的 2/3 为佳，尾巴根部较粗，向尖端渐尖，尾巴上也应该有浓密的被毛。

饲养指南：有人担心这种耳形会使猫咪的耳朵发炎，其实这种说法是毫无根据的。虽然折耳猫耳朵分泌物较多，但只要注意清洁，就不容易出现健康问题。只要每周用滴耳油清洁 2 次，使耳道内保持干爽，即可以避免细菌和寄生虫的滋生。此外，这种猫对过于干燥或过于潮湿的环境都不耐受，环境湿度在 50%~60% 是最适宜的。

脸颊浑圆

颈部肌肉发达

被毛厚而密实，富有弹性

小贴士：苏格兰折耳猫性格特别平和，对其他的猫和狗都很友好。它们温柔、有爱心、感情丰富，非常珍惜家庭生活。

四肢短而粗壮，与身体比例和谐

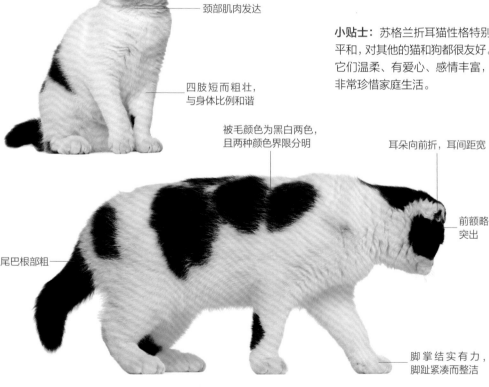

被毛颜色为黑白两色，且两种颜色界限分明

耳朵向前折，耳间距宽

前额略突出

尾巴根部粗

脚掌结实有力，脚趾紧凑而整洁

| 原产地：英国 | 长毛异种：黑白长毛苏格兰折耳猫 | 寿命：13~15 岁 | 个性：安静 |

黑色猫

苏格兰折耳猫外形可爱，性格讨喜，很受人们喜爱，不过有意思的是，因为它们的繁殖曾一度被英国政府禁止，所以它们在其他国家和地区要比在家乡苏格兰更常见。

主要特征： 黑色猫的被毛颜色为纯黑色，没有杂色毛和斑纹，质地柔软、厚密，极富光泽。它的体态慵懒，体形浑圆，骨量中等，从肩部到腰部的形体匀称。四肢虽然粗短，但富有动感而不显厚重；脚掌大而圆，脚趾浑圆整洁。头部圆，耳朵紧贴头部；鼻子宽短。与母猫相比，公猫的体形更大，脸颊的肉更厚实突出。

饲养指南： 出生后 2~7 周是猫咪的社交敏感时期，主人应注意从这一时期开始训练小猫，让它尽早学习各种生活和社交技能，以培养它的良好生活和行为习惯以及社交能力。比如主人可以多与猫咪交流，或邀请朋友来家中做客，让猫咪多和陌生人接触，等等。

头部浑圆

两颊丰满

颈部短

被毛颜色为纯黑色，没有杂色毛和斑纹

尾尖为圆形

脚掌圆而整齐

小贴士： 一般来说，与英国短毛猫配种所得的苏格兰折耳猫，和与美国短毛猫配种所得的苏格兰折耳猫相比，前者的眼睛更圆，被毛也更浓密。

耳朵朝前折

吻部微微呈圆形

体态慵懒，体形浑圆，骨量中等，从肩部到腰部的形体匀称

四肢短而粗壮

原产地：英国	长毛异种：黑色长毛苏格兰折耳猫	寿命：13~15 岁	个性：安静

109

沙特尔猫

又称卡尔特猫、夏特尔蓝猫

　　沙特尔猫历史很悠久，在1558年的史料上已有记载。据记载，这个古老的法国品种是格勒诺布尔附近的大沙特勒斯修道院的卡修西安修士培育出来的。历史上有一段时间，它们因被毛格外美丽而被饲养来剥皮用，有过一段悲惨的历史。直到1970年左右，它们才传到美国，并得到了发展。

蓝灰色猫

　　沙特尔猫是法国传统猫咪品种，与俄罗斯蓝猫、英国短毛蓝色猫合称"世界三大蓝猫"。这种猫性格安静友善，独立，有个性，能与人相处得很好。

主要特征：沙特尔猫的被毛为纯蓝灰色，没有杂色毛，质地柔软，银色毛尖使被毛富有光泽。体形较粗大、结实，身材稍胖，成年猫体重可达7千克。肩部和胸部宽厚，肌肉发达。四肢粗壮，脚掌小而圆。头大，双颊稍鼓，吻部突出；耳朵小到中型，基部窄，尖端圆；眼睛大而圆，眼角稍微吊起。尾巴中等长度，根部粗，末端圆。

饲养指南：这种猫咪生命力很强，很好饲养，在寒冷地区和室外环境饲养有利于保持它们羊毛般被毛的质感，但太多的阳光照射会导致棕色重点色的出现。

小贴士：幼猫出生时眼睛为蓝色，成长过程中会慢慢变成棕色，最后变为金黄色或橙黄色。它们成熟较晚，2~3岁时才发情。

头部稍大，圆形轮廓

眼睛又大又圆，两眼间距宽

胸宽阔

四肢稍短

耳基部稍宽，尖端略呈圆形

体形较粗大、结实，身材稍胖，肌肉发达

鼻子挺直

吻部呈三角形

被毛为纯蓝灰色，没有杂色毛，质地柔软，银色毛尖使被毛富有光泽

尾巴根部粗，末端圆形

脚掌呈圆形

原产地：法国	长毛异种：无	寿命：10~17岁	个性：友善

亚洲猫

亚洲猫是指原产地位于亚洲的猫咪。
本章所选猫咪的品种有伯曼猫，如蓝色重点色猫；
土耳其梵猫，如乳黄色猫；
土耳其安哥拉猫，如白色猫；
暹罗猫，如淡紫色重点色猫；
缅甸猫，如褐玳瑁色猫；
新加坡猫，如黑褐色猫等。

伯曼猫

又称缅甸圣猫

据说，伯曼猫最早是由古代缅甸寺庙里的僧侣所饲养，被视为护殿神猫。事实上，伯曼猫于 18 世纪传入欧洲，最早在法国被确定为固定品种，紧接着在英国也被注册承认。伯曼猫属于中大型长毛猫，体形较长，肌肉结实，四肢中等长度，脚掌大而圆，被毛长而细幼，毛色只有重点色一个类型。它们个性温和友善，叫声悦耳，喜欢与人做伴，对其他猫咪也十分友好。

乳黄色重点色猫

乳黄色重点色猫是出现比较晚的较新品种，这种猫整体被毛颜色较浅，颜色对比不如重点色较深的那些品种清晰，但脚掌上的白色毛区依然很明显。

主要特征：乳黄色重点色猫的被毛不是纯白色，而是略带点金色，重点色的颜色为乳黄色，成年猫整个面部都应该有乳黄色被毛。这种猫为中大型猫，身体较波斯长毛猫长，被毛长度为中长，质地细腻如丝，厚密且富有光泽；颈部有长饰毛，肩胛部的被毛较短，使整个猫咪看上去雍容华贵。

饲养指南：不要给猫咪吃太多动物肝脏，以免因维生素 A 摄入过多而引起肌肉僵硬、骨骼和关节病变以及肝脏肿大等疾病。

眼睛又圆又大，眼角稍往上吊

脸颊丰满

体形中到大型，被毛比较长，肌肉结实

尾巴长度中等，尾毛浓密

小贴士：伯曼猫的面部、耳朵、四肢和尾巴等部位的毛色较深，即为重点色部位，躯干部毛色较浅，4 只脚掌为白色，被称为"四脚踏雪"或"白手套"。

耳尖呈圆弧形

被毛基色略带点金色，重点色的颜色为乳黄色

脚掌仿佛戴着一双白色的"手套"

原产地：缅甸 ｜ 短毛异种：无 ｜ 寿命：10~15岁 ｜ 个性：温柔、友善、聪明

淡紫色重点色猫

同为长毛猫，与波斯长毛猫相比，伯曼猫的身体更修长，被毛稍短一些，脸形更瘦，看上去更优雅从容，而波斯长毛猫则更呆萌。

主要特征：淡紫色重点色猫的重点色是柔和的带粉红色的浅灰色。它的头前部向后方稍倾斜，额头微突，脸颊有肉，较圆；面部被毛稍短，但脸颊外侧的被毛较长，胡须较密。它的眼睛大而圆，呈海蓝色，眼神清澈，两眼间距较宽。耳朵中等大小，直立而稍向前倾，两耳间距较宽。鼻子高而直，中等长度，鼻尖处稍微下降，略呈鹰钩状。

饲养指南：这种猫咪生性爱干净，需要主人注意帮助猫咪做好清洁和护理工作，还要经常为猫咪清洗洁它的窝、食盆、水盆、猫砂盆等各种用具。

小贴士：虽然伯曼猫和短毛缅甸猫都来自缅甸，但这两种猫之间并没有什么关系。伯曼猫没有短毛异种，而短毛缅甸猫的长毛异种则是蒂法尼猫。

耳朵中等大小，直立而稍向前倾，两耳间距较宽

鼻梁中等长度，高而直，鼻尖稍下降，略呈鹰钩状

眼睛呈海蓝色

脸颊有肉，较圆

毛领圈丰厚华丽

脚掌被毛颜色较浅

尾毛蓬松

原产地：缅甸	长毛异种：无	寿命：13~15岁	个性：安静

蓝色重点色猫

蓝色重点色猫的蓝色指的是较接近灰色的灰蓝色，而不是纯蓝色，这种颜色其实是黑色的淡化色。

主要特征： 蓝色重点色猫的被毛颜色也不是纯白色，而是略带蓝色。成年猫的重点色块颜色比小猫的更深。这种猫的脸形以及两耳到下颌处的形状，都呈"V"形，这让它的头部轮廓看起来十分协调。它的眼睛大，呈椭圆形，颜色为蓝色，清澈明亮。尾巴长度中等，尾毛长而蓬松，有重点色。

被毛顺滑

尾巴长度中等，尾毛长而蓬松，有重点色

脚掌有"白手套"

饲养指南： 伯曼猫的被毛较长，但不容易打结，主人每天帮它梳理一次毛发即可。但到了脱毛的季节，梳毛的次数应增加，最好一天梳毛两次，这样才能保证猫咪的毛发通顺蓬松。洗澡次数不宜过多，每周可以用猫咪专用的干洗剂或干洗粉为猫咪清洗被毛。用清水洗澡，夏天一个月两次，冬天一个月一次即可。

小贴士： 伯曼猫喜欢玩耍，但喜欢在地上活动，并不热衷于跳跃及攀爬，主人可以多买些玩具放在地上供它玩耍。

四肢比较粗短，肌肉结实而有力

清澈的蓝色眼睛又大又圆

脸部以及两耳到下颌处的形状，都呈"V"形

脸颊丰满

原产地：缅甸	短毛异种：无	寿命：10~15岁	个性：温柔、友善、聪明

海豹色重点色猫

伯曼猫性格开朗、友善、温柔，能与孩子和其他宠物和平友好地相处。它对主人感情深厚，喜欢亲近主人，和主人一起玩耍，不过对于主人之外的其他人，它的表现却十分冷淡，甚至会拒绝其他人的拥抱和抚摸。总的来说，它是非常理想的家庭宠物。

主要特征： 海豹色重点色猫被毛的底色是灰褐色，重点色是深海豹褐色，鼻子也是深海豹褐色；其背部的被毛有着亮闪闪的金光，公猫更为明显。这种猫的四肢粗短，骨骼强健，肌肉发达；脚掌大而圆，脚掌短而有力气，被毛一般都为白色，前脚掌的"白手套"较短，且边界为一条直线，后脚掌的"白手套"较长，延伸到脚踝处，边界有花纹，被称为"蕾丝"。

耳朵略向前倾

鼻子为深
海豹褐色

脚掌的被
毛为白色

眼睛大而圆，两
眼间距较大

身体长而粗壮

被毛为中长毛，长
而厚密，质地如丝，
细腻而富有光泽

尾毛浓密

饲养指南： 与所有猫咪一样，伯曼猫的饮食也以肉类为主，但如果只给猫咪喂肉类食品，会导致它们矿物质和维生素摄入不足，进而引发代谢紊乱，因此主人应当为猫咪准备营养搭配较为全面均衡的食物，并适当为它们提供一些小零食。

小贴士： 第二次世界大战期间，伯曼猫在欧洲差点绝种。

原产地：缅甸	短毛异种：无	寿命：10~15岁	个性：温柔、友善、聪明

巧克力色
重点色猫

巧克力色重点色猫是伯曼猫中颜色较深的一种，身体上可能有些渐层色，尤其是成年猫，但这种渐层色应与重点色颜色协调，身体颜色要和重点色颜色形成十分明显的对比。

主要特征： 巧克力色重点色猫的重点色是巧克力色，它整个面部被毛以及鼻子皮肤的颜色也是巧克力色的，深色被毛在它的面部形成了近似菱形的形状。它的前额较扁，外形和其他伯曼猫没有区别。

饲养指南： 伯曼猫温文尔雅，非常友善，喜欢与主人玩耍，它们一旦在新环境中获得了安全感，便会流露出其善良的本性。

小贴士： 随着季节的变化，伯曼猫的被毛也会产生一定的变化。

耳距宽

眼睛较大，呈蓝色

毛领圈厚实

面部被毛以及鼻子皮肤的颜色为巧克力色，深色被毛在面部形成了近似菱形的形状

面部被毛较短，但脸颊外侧被毛略长，胡须较密

四肢粗短，骨骼比较发达，肌肉结实而有力

| 原产地：缅甸 | 短毛异种：无 | 寿命：10~15岁 | 个性：温柔、友善、聪明 |

海豹玳瑁色
重点色猫

要培育出有玳瑁图案的伯曼猫是非常困难的，而且这个颜色品种的猫培育出来的只有母猫。

主要特征： 海豹玳瑁色重点色猫被毛的颜色是淡黄褐色，而在背部或体侧逐渐变成暖色调的棕色或红色，脸上有斑纹，重点色是几种颜色交织而成的。这种猫的毛长，细致厚密，颈部有毛领圈；胸部至下腹部被毛略呈波纹状；腹部被毛可有少量卷曲。

饲养指南： 猫咪比较容易得口腔疾病，比如牙结石等。如果主人发现猫咪的嘴巴气味发臭，或者经常无缘无故地流口水，这时就要注意，猫咪可能出现口腔或牙齿问题了。

小贴士： 伯曼猫是一种比较安静的猫咪，不太爱叫，叫起来时，声音也不大，轻柔动听。

头部宽圆适中

颈部被毛较长，形成毛领圈

眼睛为蓝色

脸颊丰满，面部有斑纹

胸部至下腹部被毛略呈波纹状

| 原产地：缅甸 | 短毛异种：无 | 寿命：10~15岁 | 个性：温柔、友善、聪明 |

海豹玳瑁色虎斑重点色猫

海豹玳瑁色虎斑重点色猫的被毛上可以同时看见玳瑁图案和典型的虎斑图案，斑纹是如何分布的并不重要。

主要特征：这种猫的头上有明显的"M"形虎斑，身体是淡黄褐色，这种体色程度不等地在背部和腹部两侧交织成棕色或红色；重点色是海豹褐色；鼻子的颜色是斑驳的粉红色和较深色斑纹的交杂融合。

饲养指南：主人最好从猫咪小时候起就帮它定时刷牙，频率为每周1~2次。绝大多数猫咪都很讨厌或害怕刷牙，因此刷牙前，一定要先安抚好猫咪。如果猫咪的抗拒情绪实在太强烈，可将牙膏抹到猫咪的牙齿上，它一舔牙，刷牙的效果就达到了。

小贴士：据统计，有85%的3岁以上的猫咪会得牙周疾病。

耳内有饰毛
眼睛又大又圆
"白手套"明显
头上"M"形虎斑清晰可见
粉色和深色斑纹结合的鼻子
尾巴中等长度，与身体比例协调，尾毛比较浓密

原产地：缅甸 ┃ 短毛异种：无 ┃ 寿命：10~15岁 ┃ 个性：温柔、友善、聪明

海豹色虎斑重点色猫

颜色对比鲜明是伯曼猫被毛的重要特征，虎斑重点色猫仍然保持这一特征，但要培育出尾巴上有好看斑纹的猫咪还很困难。

主要特征：海豹色虎斑重点色猫被毛上的虎斑斑纹非常明显，其浅米色的被毛带有明显的金黄色，与重点色的海豹深褐色斑纹形成鲜明对比。

饲养指南：猫咪的鼻子上常会有黑色的鼻屎，这其实是猫咪眼泪干涸后的产物，这种情况很正常。不过当空气比较干燥时，鼻屎会堆积起来，让猫咪感到不舒服，此时，主人就应当为猫咪清理一下了。

小贴士：伯曼猫温顺友好，开朗活泼，渴求主人的宠爱，喜欢与主人玩耍，在天气晴朗时可以带它到庭院或花园里散步。

眼角有"镜框"状斑纹
尾毛浓密
颈部较短，与头部几乎融合在一起
前额具有清晰可见的虎斑斑纹
四肢短而粗壮，骨骼和肌肉都比较发达
脚掌大而圆

原产地：缅甸 ┃ 短毛异种：无 ┃ 寿命：10~15岁 ┃ 个性：温柔、友善、聪明

红色重点色猫

红色重点色猫属于伯曼猫族群中的新成员，它的毛色非常漂亮。

主要特征： 红色重点色猫的被毛颜色为乳黄色略带金色，重点色为偏金色调的橘红色，重点色颜色均匀，没有杂色毛。它的鼻子直，略呈鹰钩状，为粉红色；耳朵直立，耳尖端较圆，两耳尖端距离较大，耳基部距离较小。尾巴中等长度，与身体的比例协调，被毛丰富飘逸。有时候，这种猫的脸上稍有些雀斑，常出现在鼻子或耳朵上，不过这并不是严重的缺陷。

饲养指南： 猫咪不爱出汗，对盐的代谢较慢，而且它们的泌尿系统比较脆弱，如果给猫咪喂食盐分高的食物，时间久了，猫咪很容易生病，比如患尿路结石、高血压、肾脏或心脏疾病等。因此主人平时给猫咪喂食时一定要注意食物的盐分是否超标。

耳朵直立，尖端较圆

被毛浓密、匀称、厚实，质地柔软，竖立而不紧贴身体

眼睛为海蓝色

被毛颜色为乳黄色略带金色

重点色为偏金色调的橘红色，重点色颜色均匀，没有杂色毛

鼻子直，略呈鹰
钩状，为粉红色

胸部到腹部的
毛呈波纹状

毛领圈丰厚华丽

小贴士: 伯曼猫和重点色布偶猫长得比较像，但是了解两种猫各自的特点，从体形大小、性格特征、身体部位和毛发颜色等方面进行区分对比即可辨别。比如从外形特征来看，伯曼猫体形以中等大小为主，身体偏修长，而布偶猫是大型猫，身体偏圆润；伯曼猫鼻子略呈鹰钩状，为罗马鼻，而布偶猫的鼻子更直；伯曼猫的耳朵中等大小，而布偶猫的耳朵稍大；所有的伯曼猫都有"白手套"，而布偶猫中，只有特定品种才具有"白手套"这个特征。从性格来说，伯曼猫对除了主人以外的其他人都比较冷淡，而布偶猫对陌生人也非常友好，没有戒心。

两耳尖端距离较大，耳基部距离较小

四肢粗壮有力

尾毛浓密

| 原产地：缅甸 | 短毛异种：无 | 寿命：10~15岁 | 个性：温柔、友善、聪明 |

土耳其梵猫

又称梵猫、土耳其凡湖猫

　　土耳其梵猫原产于土耳其的梵湖地区，是一种美丽优雅的猫咪。梵猫体形长而健壮，被毛为中长毛，全身除头耳部和尾部有乳黄色或红褐色斑纹外，其余部分被毛白而发亮，没有杂色毛。梵猫喜欢游泳，被毛沾湿后可以迅速风干，主人为它洗澡时，它会表现出极大的兴趣。这种猫生性活泼机敏，叫声柔和。1955 年，梵猫被引入英国，1969 年被确认为一个独立的品种。

乳黄色猫

　　土耳其梵猫是大型长毛猫，虽然被毛较长，但被毛中没有厚厚的底层绒毛，所以很容易梳理。它的毛发柔软，摸上去手感像丝滑细腻的兔毛。这种猫性格骄傲，还有点冷漠，不适合有狗和孩子的家庭饲养，它对噪音比较敏感，喜欢安静的居住环境。

主要特征：土耳其梵猫头部被毛有火焰纹，并且斑纹区仅局限于眼睛以上，清晰的垂直白色面斑把头上斑纹区分成两半；尾巴上可能有颜色较深的环纹，而幼猫尾巴上的环纹最清晰。体格结实粗壮，肩部肌肉发达；四肢中等长度，脚掌呈圆形，脚趾间有簇毛。它的头呈较宽的楔形，耳朵中等大小；眼睛大，呈椭圆形，眼圈为粉红色；鼻子为罗马鼻；下颌饱满结实，从侧面看，口鼻在一条线上。

头上有火焰纹

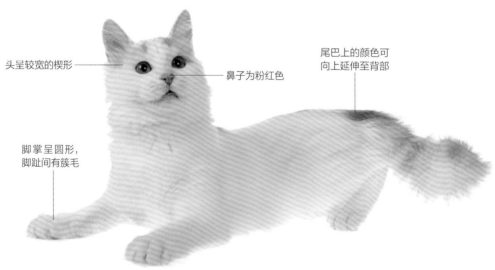

头呈较宽的楔形

鼻子为粉红色

尾巴上的颜色可向上延伸至背部

脚掌呈圆形，脚趾间有簇毛

眼睛大，呈椭圆形

饲养指南：在换毛季节，土耳其梵猫脱毛比较厉害，主人应注意多为猫咪梳理被毛。这种猫 3~5 年才能发育成熟，幼猫时期，它比较喜欢在室外活动，这点应引起主人的注意，若不想猫咪总是跑到外边，就要好好训练它。

鼻子为罗马鼻

血统与起源：土耳其梵猫起源于 17 世纪，由土耳其安哥拉猫基因突变而成。严格来说，它是土耳其安哥拉猫的一个品系。

小贴士：土耳其梵猫是跳跃高手，活泼好动，常会抢夺引起它兴趣的物件。它还擅长攀爬，家中衣柜、冰箱等的顶部，是它爱待的地方。

尾巴上有隐约可见的环纹

耳朵中等大小

面颊丰满，颧骨高

肩部肌肉发达

四肢中等长度

原产地：土耳其 ｜ 短毛异种：无 ｜ 寿命：12~17 岁 ｜ 个性：冷漠、顽强、机敏

土耳其安哥拉猫

又称安卡拉猫

　　土耳其安哥拉猫是最古老的长毛猫品种之一，得名于土耳其首都安卡拉之旧称——安哥拉。土耳其安哥拉猫头部稍圆，眼睛是杏仁形，耳大直立，从耳朵长出的饰毛很具特色；背部起伏较大，四肢长而细，脚趾长满饰毛；尾毛蓬松，有时尾巴一直能伸到头后脑处；优雅柔顺的外表，散发着流畅的动感美，其动作相当敏捷，独立性强，不喜欢被人捉抱。

白色猫

　　土耳其安哥拉猫全身覆盖丝绸般顺滑的长毛，有褐、红、黑、白四种毛色，其中白色是这种猫的传统颜色。这种猫性格既温柔体贴，又顽皮好动，独立，有领袖气质，且不太黏人，适合没有孩子的家庭饲养。

主要特征： 白色猫全身被毛为白色，没有杂色毛。它的身材修长，背部稍隆起；四肢长而细，后肢比前肢略长；脚掌小而圆，脚趾间有簇毛；尾巴长，尾毛分布似鸟羽。它的头长而尖，呈楔形；脸为"V"形，耳朵尖端尖，基部稍宽；眼睛为漂亮的杏仁形，眼角稍微吊起，一般为蓝色、金黄色或琥珀色，或为一只眼睛蓝色、一只眼睛琥珀色的鸳鸯眼；鼻子较长；吻部较尖；下颌较小。

背部稍隆起

头长而尖，呈楔形

被毛长而顺滑

眼睛为漂亮的杏仁形，有的双眼颜色不一致

耳朵基部较宽，尖端尖

四肢长而细，后肢比前肢略长

鼻子较长，吻部较尖

脚掌小而圆，脚趾间有簇毛

脸为"V"形

尾毛蓬松飘逸，尾尖呈羽状

饲养指南： 土耳其安哥拉猫有三层眼皮，如果它们长时间地露出第三层眼皮，那么很可能是健康出现了问题，主人应及时把猫咪送去医院接受诊疗。此外，蓝色眼睛的土耳其安哥拉猫多耳聋，鸳鸯眼的猫咪，蓝色眼睛一侧的耳朵多耳聋，主人要多注意这个问题。

繁殖特点： 这种猫一胎通常产仔 4 只，幼猫刚一出生便能睁开眼睛。

小贴士： 土耳其安哥拉猫在 16 世纪传入意大利和法国，然后被引入英国，是当时最受欢迎的长毛猫品种。波斯猫出现后，这种猫逐渐受到冷落。如今，它们主要分布于自己的家乡土耳其，其他地方已经比较少见了。

原产地：土耳其 | 短毛异种：无 | 寿命：13~18 岁 | 个性：顽皮而友善

暹罗猫

又称泰国猫

暹罗猫是世界上最著名的短毛猫之一，最早被饲养在泰国皇室和大寺院中，曾一度是鲜为人知的宫廷"秘宝"。它们有着流线形的修长身材，四肢、躯干、颈部和尾巴均细长且比例均衡。暹罗猫生性活泼好动，聪明伶俐，动作敏捷，气质高雅，相貌不凡。19世纪末，它们被作为外交礼物由泰国政府送给英国和美国，引起了公众的兴趣。

海豹色虎斑重点色猫

从20世纪开始，暹罗猫成为欧美地区最受欢迎的猫咪品种之一。海豹色虎斑重点色猫在北美地区多被称为"山猫重点色暹罗猫"。

主要特征：海豹色虎斑重点色猫的头部呈楔形，前额上呈"M"形的褐色虎斑清晰可辨，脸颊也有深色斑纹。四肢细而长，有褐色虎斑斑纹。尾巴细长，有褐色环纹，尖端为深褐色。这种猫的眼睛为清澈明亮如宝石一般的碧蓝色。

饲养指南：和其他猫咪一样，暹罗猫的日常饮食也应以肉食为主，主人可以选择营养较为全面均衡的成品猫粮作为猫咪日常食物，没有调味的鸡胸肉也是不错的选择。不过，主人最好一周至少喂猫咪吃两次新鲜食物，即主人自己做的食物。此外，猫咪易得牙结石，主人选择猫粮时，最好干、湿猫粮搭配着来，只喂湿软的猫粮，对猫咪牙齿不好。

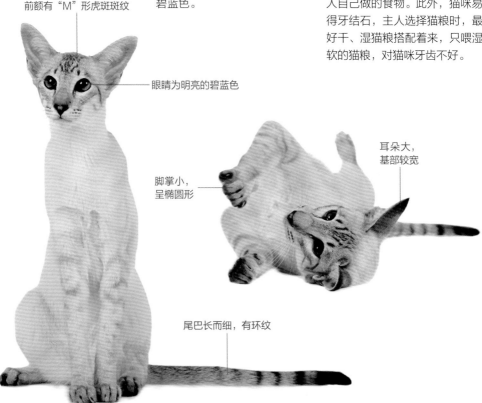

前额有"M"形虎斑斑纹

眼睛为明亮的碧蓝色

脚掌小，呈椭圆形

耳朵大，基部较宽

尾巴长而细，有环纹

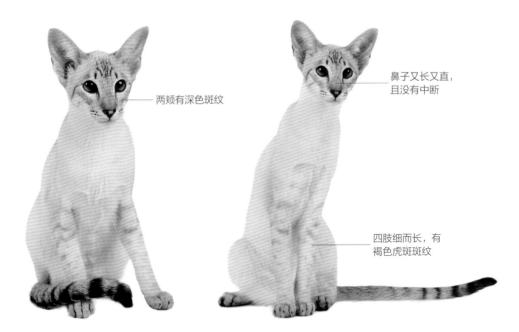

两颊有深色斑纹

鼻子又长又直，且没有中断

四肢细而长，有褐色虎斑斑纹

评审标准： 头骨平滑，侧面看，头顶到鼻尖是一条长直线，鼻梁没有凹陷；眼睛既不凹陷也不突出；下颌中等大小，侧面看，尖端与鼻尖在一条垂直的直线上；身体中等大小，臀部不能比肩部宽；被毛短而紧贴身体。

繁殖特点： 暹罗猫性成熟较早，母猫出生 5 个月后即可发情。这种猫繁殖能力强，一年可生两胎，每胎产仔 5~6 只。

小贴士： 在泰国，人们公认暹罗猫是拥有最高贵灵魂的生灵，所以它们常被泰国人当作神殿的守护之神来供奉。

头呈楔形，头顶部较平坦

体形中等，身体为管状，整体线条顺滑、优美

被毛细短光滑

原产地：泰国	长毛异种：海豹色虎斑重点色巴厘猫	寿命：10~20 岁	个性：感情丰富

海豹色重点色猫

海豹色重点色猫是传统的暹罗猫品种之一，20世纪30年代引入美国，而后传入世界各地，受到各国养猫爱好者的欢迎。

主要特征： 海豹色重点色猫的重点色为深褐色，腹部颜色较浅，背部和肋腹部颜色的深度与年龄成正比。这种猫的身体曲线非常优美，颈部细长，从肩部到臀部线条流畅圆滑，腹部向内收。它的骨骼纤细，肌肉结实，整体看上去很有力量感。

饲养指南： 暹罗猫不耐冷，它的窝一定要放在家中最暖和的地方。它也非常爱美，主人最好经常为它梳理毛发。它性格敏感，主人要多和它互动，亲亲、抱抱会让它非常开心。

小贴士： 海豹色重点色猫是暹罗猫中最知名的一种，它体态优雅，十分高贵。

颈部细长，线条平滑、优美

被毛短而细腻，有光泽

鼻子长而直

吻部细长

头骨较平，头部呈楔形

眼睛为碧蓝色

四肢长而纤细，脚掌小巧，呈椭圆形

原产地：泰国	长毛异种：海豹色重点色巴厘猫	寿命：10~20岁	个性：感情丰富

蓝色重点色猫

蓝色重点色猫也是传统的暹罗品种之一，从20世纪30年代起至今，一直深受人们的欢迎。

主要特征： 蓝色重点色猫的重点色为淡蓝色，背部的白色逐渐变成淡蓝色。如果和其他颜色品种的暹罗猫交配，其身体颜色变深，而重点色会变为石板灰色。这种猫的体形应该是苗条而修长，且富有肌肉感的，太胖或太瘦都是不健康的表现。

饲养指南： 暹罗猫敏感好斗，喜欢打架，所以主人将猫咪带回家的时候，最好隔离几天，等它适应环境后再让它自由活动。若有新宠物来到家里，最好也将家里的暹罗猫隔离几天，以免猫咪因打架而受伤。

小贴士： 据说蓝色重点色猫是暹罗猫中最温柔、感情最丰富的品种。

头部呈楔形

耳朵大，基部较宽

眼睛呈碧蓝色

尾巴为锥形

体形修长，骨骼纤细，肌肉结实

重点色为淡蓝色

细短的被毛紧贴身体

原产地：泰国	长毛异种：蓝色重点色巴厘猫	寿命：10~20岁	个性：感情丰富

淡紫色
重点色猫

淡紫色重点色猫最早出现在
1896 年英国的一次猫展中，当
时它们因为重点色"不够蓝"而
被淘汰。这种猫是四种典型的暹
罗猫之一，是蓝色重点色的变种，
直到 1955 年才得到认可。

主要特征：这种猫的重点色为带
粉红色的灰色，身体为奶白色，
眼睛为蓝色。

饲养指南：黏人的暹罗猫忌妒心
强是出了名的，它还非常情绪化，
如果受到主人的冷落，它会发脾
气，拥有一副大嗓门的它，发起
脾气时会非常吵闹。因此，养了

暹罗猫的人，要么不再养其他宠
物，要么保证自己"一碗水端平"
或对暹罗猫偏心一些。

小贴士：暹罗猫很聪明，通过训
练，可以听命令做一些简单的
把戏，如翻跟头、叼回扔出去
的球等。

头部细长，呈楔形

眼睛为蓝色

身体修长，
骨骼纤细，
腹部紧凑

脚掌小，为椭圆形

尾巴为锥形，
末端呈重点色

| 原产地：泰国 | 长毛异种：淡紫色重点色巴厘猫 | 寿命：10~20 岁 | 个性：感情丰富 |

巧克力色
重点色猫

巧克力色重点色猫由早期的
海豹色重点色暹罗猫发展而来，
但在 1950 年才获准参展。这种
猫的幼猫是纯白色的，在 1 岁左
右才完全长出巧克力色的重点
色，发育好的幼猫成年时往往重
点色会较深。

主要特征：巧克力色重点色猫被
毛的底色为象牙白，重点色为带
着乳黄色的巧克力色。它的体形
修长匀称，四肢细长，后肢稍长
于前肢，四脚站立时，看起来具
有十足的力量感。

饲养指南：葡萄汁多味美，是很
好吃的水果，但对宠物尤其是猫
咪来说，却是有害的，猫咪食用
了葡萄或葡萄干，很可能会出现
肾衰竭，严重者甚至会死亡。因
此，主人一定不要给猫咪吃这种
水果。此外，牛油果、柚子等水
果也不适合猫咪食用。

小贴士：这种暹罗猫比较少见，
数量并不多。

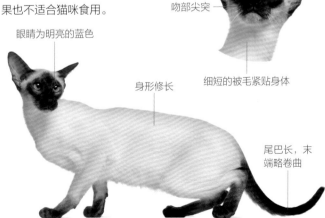

耳朵大而尖，基部宽阔

吻部尖突

细短的被毛紧贴身体

眼睛为明亮的蓝色

身形修长

尾巴长，末
端略卷曲

| 原产地：泰国 | 长毛异种：巧克力色重点色巴厘猫 | 寿命：10~20 岁 | 个性：感情丰富 |

克拉特猫

又称呵叻猫、考拉特猫

　　克拉特猫的天然品种于14世纪初形成，原产于泰国西北部的克拉特高原。这种猫被当地人视为好运的象征，人们称它为"西萨瓦特"，意思是"吉祥如意"。19世纪在英国展出过引进的克拉特猫，但并没有取得成功，因为人们认为它只不过是长着蓝色被毛的暹罗猫而已。美国的繁育者于1959年开始了该品种的育种工作，1966年和1969年，该品种先后得到了国际爱猫联合会和国际猫协会的承认。

蓝色猫

　　克拉特猫产量很少，在美国已有很高的知名度，但在欧洲等地区依然默默无闻。这种猫性格活泼贪玩，感情丰富，它对主人很温柔，也很依赖主人，对其他猫咪及陌生人则不太友好。

头部呈心形

耳大，基部宽，尖端微圆

脚掌为卵圆形

幼猫的眼睛颜色为黄色或琥珀色，成年猫的为绿色

锥形尾，尾根粗，尾尖较圆

四肢中等长度，后肢比前肢稍长

脸颊饱满有肉

吻部为锥形

被毛短，富有光泽

背部微微隆起

下颌强壮有力

主要特征：克拉特猫至今仍然保持着传统的外貌。它的被毛为银蓝色，毛色均匀，没有斑纹；缺少底层绒毛，毛发短而细密，紧贴身体。它中等大小，肌肉发达，身材不像一般的东方猫那样修长，而是呈半矮脚马形；四肢中等长度，后肢比前肢稍长，脚掌小，为卵圆形；尾巴中等长度，根部较粗，向尖端渐细。它的头为心形，前额平，脸颊有肉，下颌强壮有力；耳朵大，基部宽宽，尖端略圆，位置较高；眼睛大而圆，眼角稍微吊起，幼猫的眼睛颜色为黄色或琥珀色，成年猫的为绿色；吻部为锥形，但不尖；鼻子短，颜色为深蓝灰色。

饲养指南：克拉特猫智商很高，而且性格活跃，只要主人稍加训练，它就可以学会捡拾玩具或用双腿走路。

鼻子短

身体中等大小，呈半矮脚马形

颈部长，中等粗细

小贴士：在大城王国（1350~1767 年，泰国历史上的一个朝代）的《猫诗册》中，当时的僧侣是这样描述克拉特猫的："毛发光滑，毛尖蓝似云，毛根白似银，眼睛亮似莲花瓣上的露珠。"直到今天，泰国人依然十分喜欢这种猫，举办婚礼时，人们常拿一对克拉特猫当作新婚贺礼送给新娘。

| 原产地：泰国 | 长毛异种：无 | 寿命：9~15 岁 | 个性：顽皮 |

缅甸猫

又称巴密兹猫、黑貂猫

缅甸猫被毛光滑，性格温柔、顽皮。眼睛颜色应为金黄色、金橘色或琥珀色，纯种的缅甸猫在遗传学上不可能有蓝色或蓝绿色眼睛。缅甸猫分两种：美国缅甸猫和英国缅甸猫。英国缅甸猫显得小一些，而美国缅甸猫则较强壮。目前，这个品种的颜色种类正在不断增加，缅甸猫受到了越来越多爱猫者的追捧。

蓝色猫

1955年，在一窝缅甸猫中出现了一只蓝色的小猫，它引起了人们的注意，被取名为"海豹皮蓝色怪猫"，这只小猫是世界上第一只被记录在案的蓝色缅甸猫。

主要特征： 蓝色猫的被毛颜色为柔和的暗银灰色，脚掌处、脸部和耳朵上的被毛有比较明显的银色光泽。缅甸猫中等大小，体形细长，骨骼强壮，肌肉结实；四肢细长，后肢略长于前肢；脚掌小，呈椭圆形。它的头部为适中的楔形，面部为短而钝的倒三角形；耳朵大，耳基部较宽，尖端较圆；两眼大，稍微突出；鼻子中等长度，有明显凹陷；吻部较短。

耳朵大，基部较宽，尖端较圆

身体中等大小，体形细长

眼睛为金橘色，眼梢稍微吊起

尾巴为锥形

四肢细长，后肢略长于前肢

饲养指南： 新出生的小猫需要一个无风、温暖、舒适且安静的猫窝，干净的纸箱或塑料箱子是不错的选择，金属材质的最好不要选择。此外，猫窝中还应铺上保暖的布等，以柔软亲肤、吸水透气、方便清洗的为佳，用婴儿尿布也可以。

繁殖特点： 缅甸猫性成熟较早，母猫出生后 5 个月左右即开始发情，7 个月就可交配产仔，平均每胎产仔 5 只。

被毛短而密，富有光泽

骨骼强壮，肌肉结实

脸颊丰满

被毛颜色为柔和的暗银灰色

脚掌较小，呈椭圆形，掌垫为茶色

耳朵微前倾

小贴士： 缅甸猫的某些行为比较像狗狗，很多缅甸猫都能像狗狗那样把抛出去的东西叼回来。它们还很乐意当人们的"工作伙伴"，当主人看书、学习或使用电脑时，它们会坐在书上、电脑键盘上，静静地监督主人。当主人整理房间时，它也会跟随左右，生怕主人不好好干活。

胸部圆

| 原产地：泰国 | 长毛异种：蓝色蒂法尼猫 | 寿命：13~18 岁 | 个性：顽皮 |

黄褐色猫

缅甸猫的性格温和、外向，活泼好动，表情、叫声和动作都很可爱，其诙谐的举动常常逗得人们开怀大笑。这种猫对主人很热情，不害怕陌生人，和小孩也能相处得很融洽，很适合有孩子的家庭饲养。它还无所畏惧，常常成为其他猫咪的领导者。

主要特征：黄褐色猫的被毛基色为乳黄色，面部、耳朵和尾巴的颜色较深，眼睛呈金黄色。

饲养指南：缅甸猫讨厌孤独，好交际，如果被主人忽视，它们通常会很生气。与公猫相比，母猫更愿意成为大家注意的焦点。

小贴士：原本缅甸猫只有像貂皮一样的褐色，但经过多年的品种改良后，现在已经产生了很多不同的毛色。通常，各种颜色的缅甸猫幼猫毛色都比较浅，略带虎斑斑纹。

尾巴呈锥形

口吻短

胸腹部颜色较浅

被毛短而浓密

脚掌结实

耳朵较大，基部较宽

眼睛间距宽

鼻子有明显凹陷

原产地：泰国	长毛异种：黄褐色蒂法尼猫	寿命：13~18岁	个性：顽皮

棕色猫

缅甸猫看着不大，但体重偏重，人们常常形容它为"包在丝绸里的砖"。这种猫常常出现在猫展中，以体形紧凑、头形偏圆者为最佳。

主要特征：成年棕色猫的被毛颜色为很深的海豹褐色，毛色均匀，无花纹；颈部、胸部和腹部颜色较浅。它的被毛短，有光泽，像丝绸一样光滑。

饲养指南：大多数作为家庭宠物的猫咪都不太爱外出，但天气晴朗的时候，主人应让猫咪多晒太阳，特别是正在成长发育中的幼猫，因为阳光中的紫外线不仅有消毒杀菌的功能，还能促进钙的吸收，有利于猫咪的骨骼发育，防止幼猫患上佝偻病。

小贴士：大部分的缅甸猫都比较习惯坐汽车出行，是人们驾车出游的好伴侣。

耳尖略呈圆形，基部较宽

眼睛圆且大，为金黄色

颈部和胸腹部颜色较浅

体形紧凑，肌肉发达

四肢粗壮，长度与躯干相协调

尾巴中等长度，不扭结

脚掌为椭圆形

原产地：泰国	长毛异种：棕色蒂法尼猫	寿命：13~18岁	个性：顽皮

巧克力色猫

缅甸猫很爱叫，但它们的叫声柔和动听，不像暹罗猫的叫声那么吵闹。它们喜欢与人一起生活，跟主人感情深厚，对人类活动也很有兴趣。巧克力色缅甸猫也被称为"香槟色缅甸猫"。

主要特征： 巧克力色猫的被毛呈暖色调的牛奶巧克力色，胸腹部毛色较浅，身上没有任何斑纹。它的颈部较长，肌肉发达结实；胸部浑圆；背部平直；四肢细长，与身体的比例协调；尾长而直，呈锥形。

饲养指南： 缅甸猫的被毛光滑如缎，很好打理，主人只要偶尔为它梳理一下被毛即可。

评审标准： 与毛色相比，缅甸猫的外形显得更加重要，如标准的缅甸猫头部应为圆形，且不是平坦的平面。

小贴士： 缅甸猫也是比较容易训练的猫咪品种。

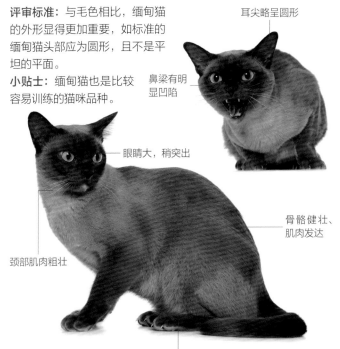

耳尖略呈圆形

鼻梁有明显凹陷

眼睛大，稍突出

骨骼健壮、肌肉发达

颈部肌肉粗壮

面部、耳朵、四肢和尾巴上的毛色较深

| 原产地：泰国 | 长毛异种：巧克力色蒂法尼猫 | 寿命：13~18岁 | 个性：顽皮 |

褐玳瑁色猫

褐玳瑁色猫和其他品种的玳瑁色猫一样，大部分是母猫，公猫一般无生育能力。

主要特征： 这种猫和其他颜色品种的缅甸猫在外形上没有区别。它的被毛颜色为褐色和红色夹杂的颜色，身上没有宽条纹。

饲养指南： 人们一般都认为，当猫咪发出"呼噜呼噜"声的时候，说明它感到放松或舒服。其实，猫咪感到害怕或疼痛的时候，比如去医院打针或受伤了，它也可能发出这种声音。所以主人听到猫咪发出"呼噜呼噜"的声音时，应当认真辨别，不要轻易下结论。

小贴士： 若缅甸猫身上有眼睛小、被毛无光泽、被毛上有白色斑或纽扣斑、头部平坦、尾巴异常扭曲、眼睛颜色不是标准颜色等特征，将被视为失格。

耳朵较大，基部较宽

眼睛为金黄色或橘色

吻部短

眼睛间距宽

胸腹部颜色较浅

被毛短而浓密

脚掌结实

尾呈锥形

| 原产地：泰国 | 长毛异种：褐玳瑁色蒂法尼猫 | 寿命：13~18岁 | 个性：顽皮 |

新加坡猫

又称下水道猫、阴沟猫

　　新加坡猫是目前公认的所有宠物猫品种中体形最小的猫咪。它们本是浪迹于新加坡街头巷尾，到处游荡、藏身于阴沟下水道里的猫，所以也叫"阴沟猫"。1970年，美国一对喜欢养猫的夫妇在新加坡发现了这种猫，并将它们带回美国繁育。1979年，这一品种得到了公认，因为它们最初来自新加坡，所以被称为"新加坡猫"。

黑褐色猫

　　新加坡猫体形非常娇小，一般成年母猫体重不超过2千克，最重的公猫也极少有超过2.5千克的。但它们优雅漂亮，性格文静，好奇心旺盛，对主人非常忠诚，因此很受欢迎。

主要特征： 新加坡猫的被毛为暖色调的古象牙底色上带黑褐色斑纹，身体下方的毛色较浅。幼猫看上去被毛较长。毛发短而紧贴皮肤，富有光泽。它的头呈圆形，额头上有"M"形的斑纹；眼睛大，为杏仁形，颜色为浅褐色、绿色或黄色；耳朵大；鼻子短。

饲养指南： 这种猫活泼好动，动作非常敏捷，而且没有攻击性，跟它玩耍是件很有趣的事，主人最好能经常陪它玩耍，没时间陪它的话，可以给它多买几个玩具。

小贴士： 可能是因为这种猫原本是游荡在外的"跑街猫"，它们特别喜欢到处跑，到处钻，尤其爱钻下水道，经常让主人头疼不已。

眼睛很大，呈杏仁形

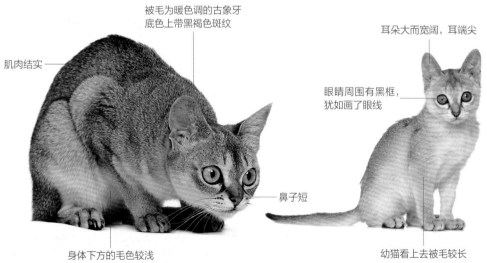

被毛为暖色调的古象牙底色上带黑褐色斑纹

肌肉结实

鼻子短

身体下方的毛色较浅

耳朵大而宽阔，耳端尖

眼睛周围有黑框，犹如画了眼线

幼猫看上去被毛较长

原产地：新加坡	长毛异种：无	寿命：10~17岁	个性：文静、好奇

第三章

北美洲猫

北美洲猫是指原产地位于北美洲的猫咪。
本章所选猫咪的品种有缅因猫，如白色猫；
布偶猫，如“手套”淡紫色重点色猫；
异国短毛猫，如蓝色标准虎斑猫；
美国短毛猫，如银色标准虎斑猫；
加拿大无毛猫，如淡紫色白色猫；
塞尔凯克卷毛猫，如玳瑁色白色猫；
曼赤肯猫，如浅紫色猫等。

孟买猫

又称小黑豹

　　孟买猫是由缅甸猫和黑色美国短毛猫杂交培育而成的，因此具有缅甸猫的体形和美国短毛猫的体色。由于其外貌酷似印度豹，故以印度的都市孟买命名。1976 年，孟买猫曾被国际爱猫联合会评选为冠军。就外表来看，孟买猫好像挺高冷、不容易亲近，但实际上它个性温驯柔和，很黏人，非常喜欢和人亲近，被人搂抱时，它的喉咙会不停地发出满足的"呼噜"声。此外，它还非常喜欢叫，高兴了，生气了，无聊了，都要叫几声。

黑色猫

　　孟买猫活泼、贪玩，好奇心很重，但比一般猫咪的自控力稍强，看起来比较稳重。这种猫可以与孩子和狗狗友好相处，但不喜欢其他猫咪，一旦在自己的地盘看到别的猫咪，或看到主人宠爱别的猫咪，它会嫉妒地冲上去打架。

耳朵大小适中，竖立在头顶两侧

下颚发达

身体结实强壮

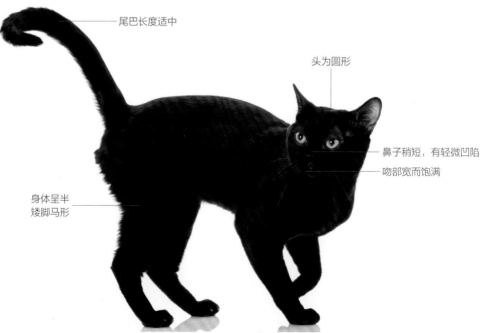

尾巴长度适中

头为圆形

鼻子稍短，有轻微凹陷

吻部宽而饱满

身体呈半矮脚马形

鼻子为黑色

被毛短，紧贴身体

主要特征： 孟买猫的被毛短而紧贴身体，漆黑油亮如漆皮一般，这是它最主要的特征。这种猫中等大小，呈半矮脚马形，肌肉发达，骨骼粗重；颈部较长，结实有力；四肢粗壮强健，与身体比例协调；脚掌小，为椭圆形，掌垫为黑色；尾巴中等长度，呈锥形。它的头为圆形，耳朵大小适中，直立，稍前倾，尖端稍圆；鼻子稍短，有轻微凹陷，呈黑色；眼睛大，圆形至椭圆形，古铜色至深紫铜色；吻部宽而饱满。

饲养指南： 孟买猫感情丰富，喜欢与人做伴，所以主人要经常陪伴它，不要长时间冷落它。它的嫉妒心也非常强，如果主人已经养了一只孟买猫，就尽量不要再养其他的猫咪，不然家里就很难再有平静的生活了。孟买猫是运动型猫咪，自控力也比较强，所以比较好训练，训练得当的话，它能很轻易地学会握手、"你扔我捡"之类的小技巧。

眼睛大而圆，颜色为古铜色至深紫铜色，双眼间距宽

四肢粗壮

颈部较长

肌肉发达，骨骼粗重

脚掌小，椭圆形

小贴士： 孟买猫幼猫发育十分缓慢，被毛上常有虎斑。幼猫的眼睛出生时是蓝色，然后变成灰色，最后变成古铜色或深紫铜色。

| 原产地：美国 | 长毛异种：黑色蒂法尼猫 | 寿命：12~17岁 | 个性：果敢 |

重点色长毛猫

又称喜马拉雅猫

　　重点色长毛猫是在 20 世纪中期由波斯长毛猫和暹罗猫杂交选育得来的品种。这种猫的性格集波斯长毛猫和暹罗猫之大成，融合了波斯猫的轻柔、反应灵敏和暹罗猫的聪明、温文尔雅。它们热情大方，顽皮可爱，与主人的关系十分亲密，能安静地卧在主人腿上陪主人工作，也能与主人一起快乐地玩游戏，是非常理想的家庭宠物。

乳黄色重点色猫

　　重点色长毛猫继承和结合了波斯猫与暹罗猫的优点，既有波斯长毛猫的慵懒体态和华丽长毛，又有暹罗猫的重点色毛色和漂亮的眼睛。

主要特征： 乳黄色重点色猫被毛基色是乳白色，重点色则为较深的乳黄色。这种猫的体形矮胖，呈矮脚马形；颈部粗短，胸部宽大深厚，腰部不上收，背部短而平，四肢粗壮。它的头为圆形，耳朵小，位置较低；眼睛大而略微突出，呈蓝色，两眼间距较大；鼻子塌陷，上翘。

饲养指南： 这种猫比较挑食，长长的被毛也要经常打理，饲养起来比较麻烦，主人一定要做好心理准备。

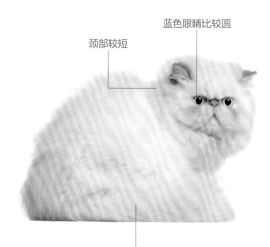

颈部较短
蓝色眼睛比较圆

被毛基色是乳白色，重点色则为较深的乳黄色

小贴士： 幼猫刚生出时，全身被毛为短白毛，掌垫、鼻子、耳朵皆为粉红色，几天后出现色点，从耳朵开始，然后是鼻子、四肢和尾巴。公猫面部重点色的面积较大。

耳朵小，耳内多饰毛

鼻子短，且向下塌陷

背部较短，背线平直

被毛浓密蓬松

原产地：美国	短毛异种：乳黄色重点色英国短毛猫	寿命：12~17 岁	个性：温和

巧克力色重点色猫

巧克力重点色是一种隐性基因，在同型繁育时可出现巧克力色和淡紫色。也就是说，要使后代显示这种颜色，猫咪的父母双方都必须拥有巧克力色的隐性等位基因。

主要特征： 巧克力色重点色猫被毛基色是象牙白色，重点色则为巧克力色。被毛丰厚、密集，直立而不紧贴身体，手感光滑柔软如丝绸一般。被毛为双层，底毛中等长度，外层毛较长。颈部被毛长而浓密，形成毛领圈，还具有褶边。耳内、脚趾之间都长有长饰毛。尾巴上也覆盖着浓密的长毛。

被毛基色是象牙白色，重点色为巧克力色

较长的颈毛形成毛领圈悬至两前肢间

脚掌大而圆，脚趾间有饰毛

头大而圆

四肢粗短，骨骼强壮有力，肌肉发达

饲养指南： 主人一定要给猫咪接种疫苗。必要的疫苗有两种：猫三联猫疫苗和狂犬病疫苗，前者预防猫瘟、猫鼻支和猫杯状病毒，后者预防狂犬病。幼猫出生8周后接种第一剂猫三联，每隔4周接种一剂，共三剂；出生12周后接种一剂狂犬病疫苗，共一剂。补种视情况而定。

小贴士： 重点色长毛猫行走的时候，它的尾巴既不会拖地，也不会高高地竖起，而是稍微翘起，与身体在一个水平线上，这点和大多数猫咪都不一样。

尾毛浓密、蓬松

耳朵较小，间距宽、耳位低

胸部宽且深厚

| 原产地：美国 | 短毛异种：巧克力重点色英国短毛猫 | 寿命：12~17岁 | 个性：温和、大胆 |

缅因猫

又称缅因库恩猫

缅因猫的体形大，是北美地区自然产生的第一个长毛猫品种，因原产于美国缅因州而得名缅因猫。据考证，它们的祖先可能是 18 世纪时从欧洲和亚洲来到美国的长毛猫。这种猫性格独立、坚强、勇敢。外形上，它们的被毛浓密柔滑，背部和四肢毛发较长，底层绒毛细软，尾毛长而浓密。人们可以看到各种毛色和花纹的缅因猫，唯独没有巧克力色重点色、淡紫色重点色或暹罗色重点色类型的缅因猫。它们的眼睛为绿色、金黄色或古铜色。

白色猫

缅因猫、布偶猫和西伯利亚猫同为猫咪中体形最大的品种，堪称"猫界巨人"。世界上有记录可查的体形最大的缅因猫是生活在美国的一只名叫斯蒂威（Stewie）的猫咪，它的体长（从鼻尖到尾尖）达到了惊人的 1.23 米，体重超过 16 千克。

眼睛为金黄色

耳朵大，耳内饰毛丰富

颧骨较高

脚掌大而圆

尾毛长而蓬松，尾巴粗大

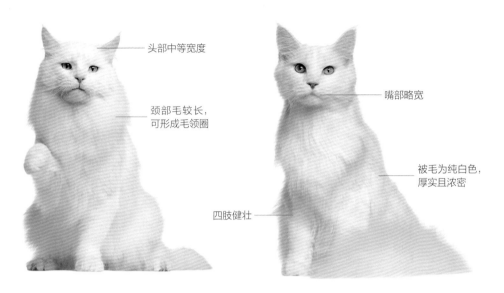

头部中等宽度

颈部毛较长，可形成毛领圈

嘴部略宽

被毛为纯白色，厚实且浓密

四肢健壮

主要特征： 白色猫的被毛为纯白色，厚实且浓密，前胸处的被毛较短，背部、腹部及大腿处的被毛较长；颈部被毛较长，可形成丰厚的毛领圈。被毛为双层，底毛为细腻柔软的绒毛，上层毛光滑，有防水的油脂保护层，毛发整体顺滑如丝，看上去十分飘逸。这种猫体形高大健壮，骨骼粗大，肌肉发达，力量感十足。公猫体重为 5.9~8.2 千克，母猫体重为 3.6~5.4 千克。它们的头比较大，但与整个身体相比，却显得较小，宽度小于长度。成年猫有颈垂肉。

饲养指南： 除了猫粮之外，建议每周给小猫吃一点肉类食物，但是量一定不要太大。

繁殖特点： 缅因猫每窝产仔 2~4 只，幼猫的大小和毛色均有差别。幼猫发育比较缓慢，3~5 岁时才能达到性成熟。

小贴士： 缅因猫是名副其实的工作猫，在灭鼠药出现之前，它们时常被水手们带上船出海，工作就是在船上捕鼠。它们还受到农场主们的青睐，常被养在谷仓等地，以绝鼠患。因此，它们养成了能在家中各个角落或一些似乎不是很舒适的地方如柴垛等处睡觉的习惯。

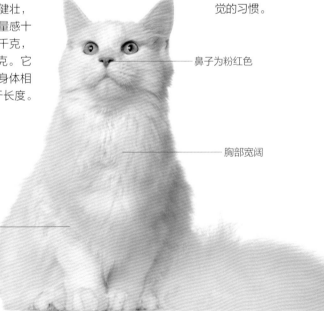

鼻子为粉红色

胸部宽阔

体形高大健壮，骨骼粗大，肌肉发达

原产地：美国 ｜ 短毛异种：白色美国短毛猫 ｜ 寿命：10~15 岁 ｜ 个性：独立、勇敢

蓝色猫

虽然缅因猫体形巨大，外表冷酷，但它们的性情温顺乖巧，善解人意，对主人十分忠诚，对老人和孩子都很有耐心，人们亲切地称它们为"温柔的巨人"，是非常好的家庭宠物。

主要特征：蓝色猫被毛的颜色为由浅到中等深度的蓝灰色，颜色均匀，没有杂色毛。缅因猫头部与身体比例协调，颧骨比较高；下巴发育良好，与上唇和鼻子成一条直线；吻部呈方形；鼻子挺直，略有凹陷；耳朵比较大，长有长长的饰毛，两耳间距适中；眼睛比较大，为椭圆形，两眼距离较宽。

饲养指南：缅因猫的幼猫和成年猫都喜欢咀嚼生骨头来磨牙，主人一定注意不要让尖锐的碎骨片伤了猫咪的口腔。猫粮的颗粒形状是经过精心设计的，能够在保证安全的前提下，帮助猫咪磨利牙齿。

小贴士：缅因猫身体健壮且吃苦耐劳，被毛厚实保暖，还能防水，因此能忍受恶劣的天气，即使在冰天雪地的高海拔地区，它们也能很好地生存。

耳朵大而突起

眼睛为金黄色

胸部宽厚

耳内多饰毛

鼻子挺直

下巴强壮结实

身体呈长方形

脚掌又大又圆

与身体相比，头显得比较小

背部与四肢被毛较长

四肢中等长度

| 原产地：美国 | 短毛异种：蓝色美国短毛猫 | 寿命：10~15岁 | 个性：独立、勇敢 |

黑色猫

　　缅因猫身体庞大，日常活动的范围也很大，还喜欢睡在偏僻奇怪的地方，比较适合住所宽敞或是家里有庭院的人饲养，不适合居住在空间比较小的公寓楼里的人饲养。

主要特征： 黑色猫的全身被毛都为黑色，几乎没有杂色毛，被毛极为浓密蓬松，长度并不一致，光滑有层次，背部、腹部和大腿处的被毛长而浓密；尾部的被毛长而蓬松，能像羽毛一样散开；毛领圈厚实，从耳朵基部一直围到咽喉处。

饲养指南： 大部分的猫咪体内都缺乏乳糖分解酶，不能分解吸收纯牛奶中的乳糖，而且有的猫咪还对牛奶中的某些蛋白质过敏，它们要是喝了牛奶，很容易胀气，甚至拉肚子。因此，主人不要喂普通牛奶给猫咪喝，如有需要可喂它们喝猫咪专用的奶制品或低脂舒化奶。

小贴士： 缅因猫看上去像只小狮子一般威风凛凛，可令人意想不到的是，它们的声音和它们的外形反差极大，它们的叫声很轻柔悦耳，像小鸟鸣叫般动听。

耳朵尖端有猞猁尖

四肢中等长度，与身体比例和谐

眼睛绿色、金黄色或古铜色

脚掌大而圆，上面覆盖长长的饰毛

耳朵大而尖，耳内饰毛发达

背部和四肢毛发较长

被毛为黑色，浓密蓬松，几乎没有杂色毛

尾毛长且蓬松

原产地：美国　|　短毛异种：黑色美国短毛猫　|　寿命：10~15岁　|　个性：聪明、独立

暗灰黑色白色猫

　　缅因猫性格温柔体贴，行事稳重谨慎，对陌生人和孩子都比较友好，智商也比较高，因此它们经常被训练为猫咪"治疗师"，来帮助医生治疗自闭症儿童或抑郁症患者。

主要特征： 暗灰黑色白色猫的底毛为白色和暗灰黑色，颈前部、胸部和腹部的被毛为白色，头部、四肢和背部的被毛颜色较其他部位深。

饲养指南： 缅因猫很少单独进食，它们喜欢跟其他猫咪或朋友们一起大快朵颐。因此，饲养缅因猫的同时，最好家里能再喂养一些其他宠物，如其他种类的猫咪以及狗狗、兔子都可以。

小贴士： 关于缅因猫的起源有好几种说法，通常都是夸张的故事。其中一个故事是说，曾经有一只猫咪跑到了缅因州的野外，结果跟一只浣熊发生跨种交配，于是就生下了具有现代缅因猫特征的后代。这当然是不可能的。究其原因，可能是早期缅因猫被毛的某些特征和北美浣熊比较相似，所以有了这么一个误传。

头部略宽

嘴部呈方形

尾尖呈羽毛状

脚掌大而圆

下巴发育良好，强壮结实

胸部宽阔结实，前胸的毛较短

被毛基色为白色和暗灰黑色

耳朵基部宽

颈部具有厚实的毛领圈

原产地：美国　｜　短毛异种：黑白色美国短毛猫　｜　寿命：10~15岁　｜　个性：聪明、独立

棕色虎斑白色猫

棕色虎斑白色猫的祖先是较为普通的棕色虎斑猫。它们在欧洲曾被称为美国森林猫，是缅因猫中历史最悠久、最为人熟知的品种之一，最初是由乡村农场驯养来抓老鼠的。

主要特征：棕色虎斑白色猫被毛的基色为黄棕色，带有清晰的黑色虎斑，白色被毛只分布在身体下部和脚掌上。这种猫体形高大粗壮，各部位比例协调，胸部宽阔、厚实。

饲养指南：主人不要给猫咪吃胡椒、辣椒、洋葱等刺激性食物。

小贴士：缅因猫的食量和它的体形一样，都比较大，至少是中等大小猫咪的 2~3 倍，而且这种猫咪的食物中，优质肉食占的比例应该比较高，因此，仅从饮食角度来说，缅因猫更适合条件较好的家庭饲养。

头上有明显的"M"形虎斑

被毛浓密，虎斑清晰

脚掌为白色

鼻子挺直，没有鼻节

尾毛粗且浓密蓬松

原产地：美国	短毛异种：棕色虎斑白色美国短毛猫	寿命：10~15岁	个性：独立

银色虎斑猫

缅因猫是一种很聪明的猫，它们会用前爪捡起食物和树枝。可能是因为祖先曾在船上生活过，它们不讨厌水，有时还会乐此不疲地玩水龙头上滴下来的水。

主要特征：银色虎斑猫被毛的基色应是银白色，身上有浓而清晰的黑色虎斑，看起来非常漂亮。它的四肢为中等长度，骨骼强健，肌肉发达；脚掌大而圆，脚趾有力，趾间具有饰毛。因为四肢有力，它能跳得很高。

饲养指南：猫咪不能很好地吸收植物中的养分，对植物性的营养需求不大，主人一定不要强迫猫

咪吃素，这对猫咪的健康不利。

小贴士：缅因猫的毛色和花纹种类繁多，据说有超过 60 种被毛图案。不过纯种的缅因猫，眼圈、嘴唇、掌垫都必须是黑色的。

头部有"M"形斑纹

眼睛金黄色或古铜色，杏仁形

颈部粗壮结实

骨骼健壮

尾毛长而浓密

四肢有明显的横条纹

脚掌大而圆

原产地：美国	短毛异种：银白色虎斑美国短毛猫	寿命：10~15岁	个性：独立、勇敢

棕色标准虎斑猫

棕色标准虎斑缅因猫是缅因猫中比较普通的品种，但它不比那些少见的品种逊色。

主要特征： 棕色标准虎斑猫被毛的底色应是暖色调的紫铜色，带有与之形成对比的黑色虎斑。标准型虎斑猫身上的虎斑应呈块状，颜色一致，鼻子呈砖红色。

饲养指南： 主人一定不要经常喂猫咪喝人类的饮料和矿泉水，饮料中一般都含有大量的糖，过多的糖会导致猫咪变胖、长蛀牙，还会加重猫咪肾脏的负担，对猫咪的身体没有一点好处。矿泉水

中添加了较多的矿物质，猫咪的身体无法顺利代谢这些矿物质，反而会让它出现尿路结石的问题。

小贴士： 缅因猫的公猫比母猫要大很多，从外形上很容易分清它们的性别。

两眼距离略宽

被毛浓密顺滑

鼻子为砖红色

耳位高

四肢有明显的横条纹

尾巴粗长，尾毛长而蓬松

脚掌大而圆

| 原产地：美国 | 短毛异种：棕色标准虎斑美国短毛猫 | 寿命：10~15岁 | 个性：独立、温和 |

乳黄色标准虎斑猫

缅因猫是北美洲最古老的天然猫种，它也成为美国第一种本土展示猫。在国外，它也一直都是最受欢迎的猫种之一。调查显示，其受欢迎的程度在美国可以排到前三名。

主要特征： 乳黄色标准虎斑猫被毛的基色为乳黄色，带有颜色较深的虎斑，额头上有清晰的"M"形斑纹，两肋腹上有明显的牡蛎状图案。

饲养指南： 猫咪一般在10~11岁时步入老年期，老年猫的各种感

官都会衰退，被毛开始脱落，肌肉开始萎缩，身体也渐渐变得不灵活。这时，主人应该经常为猫咪进行护理，并根据猫咪的身体状况调整饮食，比如可以减少干猫粮的量，多给它喂食一些柔软、易消化的食物。

小贴士： 缅因猫性格很好，不具有攻击性，很少对人伸出爪子。

头上有"M"形虎斑

背部毛较长

身上斑纹颜色鲜艳

耳朵较宽，耳内饰毛丰富

眼睛呈杏仁形

四肢有完整横条纹

脚掌大而圆

尾毛浓密蓬松

| 原产地：美国 | 短毛异种：红色虎斑美国短毛猫 | 寿命：10~15岁 | 个性：独立、勇敢 |

银玳瑁色
虎斑猫

缅因猫是一种比较黏人的猫咪，很依赖自己的主人，主人出门散步时，它也能跟随左右。

主要特征： 银玳瑁色虎斑猫的躯干长，被毛底色为银色，虎斑颜色为黑色，斑纹轮廓清晰可辨；身上有红色和乳黄色斑块，这是这种猫与银色虎斑猫的区别。

饲养指南： 很多猫咪都喜欢少食多餐，而且都很喜欢吃小零食，如果它们长得过胖会导致身体出现健康问题，主人应该严格控制猫咪的食量和喂食次数，并给它们提供营养均衡的食物。

小贴士： 我们日常见到的缅因猫，有的看起来很霸气，像小狮子似的，有的则长相甜美，像温柔的小公主。其实，不论长得霸气还是甜美，只不过是人们的审美偏好而已，对猫咪的本质并没有影响。

头上有"M"形虎斑

尾毛长而蓬松

耳朵较大，耳内多饰毛

鼻子为砖红色，带有黑边

四肢有横条纹

脚掌大而圆

原产地：美国	短毛异种：银玳瑁色美国短毛猫	寿命：10~15岁	个性：独立

蓝银玳瑁色
虎斑猫

蓝银玳瑁色虎斑猫的被毛颜色较为复杂，每一只猫的颜色和斑纹都有很大的差异，甚至同一窝小猫的颜色和斑纹的差别都非常大。现在已规定这种猫只能繁育纯种猫，颜色和斑纹差异过大的问题有可能因此得到改善。

主要特征： 底色为带蓝色的银色，被毛中夹杂有明显的乳黄色补片状玳瑁图案，虎斑明显。

饲养指南： 主人要注意缅因猫有髋关节发育不良和多囊性肾病的问题。此外，缅因猫的牙龈炎与牙周炎发病率也比其他猫种高，因此主人要多关注这方面的问题。

小贴士： 繁育者和专家一般都比较青睐血统"高贵"的猫咪品种，尤其是曾被皇家或贵族饲养过的猫咪，像缅因猫这样诞生于农场里的"平民"猫能得到他们的承认，实属不易。

前额有"M"形虎斑

耳朵周围长有饰毛

鼻梁挺直

底层绒毛细软，被毛颜色色斑斓浓艳

原产地：美国	短毛异种：蓝银玳瑁色美国短毛猫	寿命：10~15岁	个性：独立、勇敢

银色标准虎斑猫

　　缅因猫性格温柔，善于交际，与人和其他宠物都能友好相处。它还具有野性的一面，如果把它放到野外，它能摇身一变，立即成为捕猎高手。

主要特征: 银色标准虎斑猫的被毛基色为银色，银色基色与颜色较深的块状虎斑纹形成鲜明对比，两肋腹部有明显的牡蛎状图案。

饲养指南: 缅因猫的身体一般都非常健壮，不易生病，对它们威胁最大的疾病是在猫咪中比较常见的肥厚型心肌病。这种病通过拍 X 光片或心脏超声扫描，即可准确诊断。当主人发现猫咪出现呼吸困难、呼吸急促、气喘或厌食等不正常状况时，一定要尽早带猫咪去医院检查，以免耽误治疗。

耳朵大，基部较宽，尖端较尖

下巴结实强壮

额头有清晰的"M"形虎斑斑纹

两耳间距适中，耳内长有长饰毛

四肢被毛有明显的虎斑斑纹

颈部有毛领圈

尾毛蓬松，呈羽状

眼睛大，为绿色、金黄色或古铜色

鼻子为砖红色，带有黑边

两肋腹部有明显的牡蛎状图案

评审标准： 头部宽度中等，呈矩形，头长略大于头宽，颧骨较高。口套（鼻吻部）呈明显的矩形，中等长度，从侧面看不能渐尖呈锥形。下巴强壮有力，从侧面看应呈直角。耳朵大，基部宽，尖端尖，两耳应直立向上而不能向两边扩，两耳的间距应是一个耳朵的宽度。眼睛不可太圆，也不能是吊梢眼，上眼圈也不能太平。身体为矩形，胸部开阔。四肢中等长度，骨骼结构坚实。脚趾大而圆。

小贴士： 关于缅因猫的由来，还有一个有趣的小故事。法国大革命后，王后玛丽·安托瓦内特曾想要逃到美国，她将一些财产交给她准备搭乘的轮船的船长，其中包括几只土耳其安哥拉猫。后来玛丽王后逃跑失败，她的猫咪却被安全运抵美国东海岸的缅因州。这些猫咪和当地短毛猫交配，生育的后代便是缅因猫。

身上虎斑斑纹颜色浓艳清晰

四肢粗壮有力

脚掌大而圆

原产地：美国 ｜ 短毛异种：银色标准虎斑美国短毛猫 ｜ 寿命：10~15岁 ｜ 个性：独立、勇敢

布偶猫

又称布拉多尔猫、布娃娃猫、玩偶猫、仙女猫

布偶猫是大型长毛猫，虽然它们体形较大，但是性格异常温柔，缺乏自我保护能力，较适宜在室内饲养。它们非常友善，对疼痛的忍受性颇强，能容忍孩子的嬉闹；爱交际，甚至可以和狗狗友好相处，是理想的家庭宠物。它们非常喜欢和人类在一起，喜欢有人陪伴，如果你工作繁忙，最好不要饲养此品种，不然它们会很不快乐。

巧克力色双色猫

布偶猫是体形最大的猫咪之一，绝育过的雄性布偶猫体重甚至可以超过 10 千克，而母猫的体形则相对小一些。

主要特征：巧克力色双色猫的眼睛为海蓝色，巧克力色毛区与白色毛区轮廓清晰，面部的巧克力色被毛分布于眼周及眼睛上方和耳朵处，图案基本对称。这种猫身体比较长，肌肉发达，胸部宽，颈粗而短。头大，呈楔形，头顶扁平；吻部不突出，呈圆形；鼻子较短，鼻梁处略有凹陷。

头部呈等边三角形

脸上有白色倒"V"形斑纹

身体大而重

耳尖浑圆，稍微前倾，耳内饰毛丰富

眼睛呈椭圆形，双眼间距宽

身体比较长，肌肉发达

颈部毛较其他部位长

四肢粗壮

饲养指南：关节痛是高龄宠物的通病，若是家中猫咪已步入老年期，主人可时常帮它按摩肌肉或活动四肢关节。

小贴士：猫咪是敏感的动物，很多猫咪都比较爱吃醋，布偶猫不然，它一点儿都不爱吃醋。布偶猫可以接受家里有其他猫咪、狗狗等宠物存在，即使主人当着布偶猫的面爱抚其他宠物，它也不会生气。

原产地：美国	短毛异种：无	寿命：15~20岁	个性：温顺、恬静、友善

淡紫色双色猫

布偶猫出现比较晚，20世纪60年代初，美国加利福尼亚州的繁育者安·贝克用一只雄性伯曼猫和一只雌性白色非纯种长毛猫杂交，培育出一个猫咪新品种。后来，其他繁育者也做了同样的工作。最终，布偶猫这个品种稳定下来，并得到了承认。

主要特征： 淡紫色双色猫身体上带粉红色的紫灰色毛区与白色毛区形成鲜明的对比，面部的深色被毛呈倒"V"形分布；锥形长尾上的被毛状似羽毛。

饲养指南： 布偶猫性格温柔，能和人及其他宠物友好相处，但是这种猫比较黏人，需要主人的陪伴，如果主人平时工作较忙，那么家里最好有其他人可以陪伴猫咪，或者有养别的宠物与猫咪相伴，这样一来，布偶猫可以成长得更快乐。

小贴士： 最初，布偶猫大部分生活在美国，较少在世界其他地方出现，是典型的美国猫。如今，布偶猫因美丽的外表和温柔的性格而受到世界各地人们的喜爱，成为最受欢迎的猫咪品种之一。

头顶扁平

胸部宽阔，肌肉发达

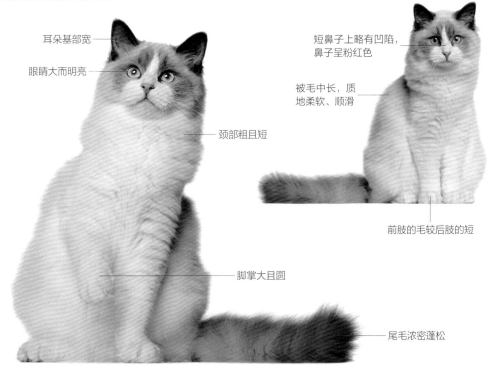

耳朵基部宽

眼睛大而明亮

颈部粗且短

脚掌大且圆

短鼻子上略有凹陷，鼻子呈粉红色

被毛中长，质地柔软、顺滑

前肢的毛较后肢的短

尾毛浓密蓬松

原产地：美国　｜　短毛异种：无　｜　寿命：15~20岁　｜　个性：温顺、恬静、友善

海豹色双色猫

布偶猫温柔可人，对主人非常依赖，一般猫咪"高冷"的行为在它们身上几乎不会出现。它们的身体特别松弛柔软，忍耐力又特别强，主人可以对它们"为所欲为"，它们很少会反抗，任由主人"搓扁捏圆"。

主要特征：双色布偶猫的四只脚掌、腹部、胸部和吻部被毛都是白色的，背部也可能有一两片白色的斑纹；只有尾巴、耳朵、头上除吻部以外的部分，以及背部的被毛才会显示较深的颜色。它们的四肢大都是纯白色的，鼻头和脚掌部位的皮肤为粉红色。

饲养指南：布偶猫是长毛猫，它们需要主人为其做日常的被毛梳理，不过这个品种的猫咪不太掉毛，而且毛发本身就很顺滑，为它们梳理毛发比较简单。此外，这种猫也不像一般猫咪那样抗拒洗澡，为它们洗澡相对比较轻松。总体而言，为布偶猫打理毛发还是比较容易的。

头呈楔形

鼻子的皮肤为粉红色

被毛长而浓密

四肢粗壮

脸上有白色倒"V"形斑纹

体形近似长方形

尾巴较长，尾毛丰厚

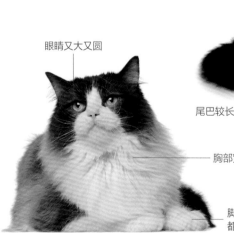

眼睛又大又圆

胸部宽，颈粗而短

脚掌和四肢都是白色的

小贴士：并非每一只双色布偶猫脸上的"八"字形斑纹都是完美对称的，有一些猫咪的白色部分会高至头顶，有一些猫咪的白色部分则只到鼻梁。

原产地：美国 ｜ 短毛异种：无 ｜ 寿命：15~20岁 ｜ 个性：温顺、恬静、友善

巧克力色重点色猫

这种重点色的布偶猫有着经典的暹罗猫的图案，但其蓬松呈羽状的尾巴与典型的"V"形脸还是能够让人轻松辨认出来，不会轻易把它们和暹罗猫搞混。

主要特征： 巧克力色重点色猫的面部、耳朵、四肢、脚掌和尾巴应为暖色调的巧克力色重点色，颈部、胸部、腹部都为白色。这种猫的被毛柔滑似兔毛，不容易打结，颈部被毛较长，且很浓密，能形成毛领圈；臀部的被毛也比较长；尾毛蓬松，似鸟羽状分布。

饲养指南： 布偶猫的体质较弱，它们虽是长毛猫，却比较怕冷，着凉以后容易拉肚子、呕吐，冬天的时候，主人要注意为它们保暖，比如把它们的窝移到取暖设备的旁边，在它们的窝里铺上电热毯，等等。它们的肠胃也比较弱，在饮食上主人要多注意，有条件的话，可以咨询一下兽医。

眼睛为海蓝色

鼻子呈深巧克力色

尾毛浓密蓬松

小贴士： 虽然布偶猫有双色、梵色、"手套"和重点色四种颜色图案，但是国际爱猫联合会只接受双色和梵色布偶猫参加比赛，"手套"和重点色布偶猫只能登记注册。

面部、耳朵、四肢、脚掌和尾巴应为暖色调的巧克力色重点色

颈部被毛长而浓密，能形成毛领圈

双耳间距宽阔

被毛中等长度，柔软而浓密

四肢粗壮

原产地：美国 | 短毛异种：无 | 寿命：15~20岁 | 个性：温顺、恬静、友善

"手套"淡紫色重点色猫

这种"手套"猫是布偶猫中的精品，它们有着毛茸茸的白色下巴，戴着"白手套"，穿着"白靴子"，样子可爱又滑稽，很受人们的喜爱。

主要特征： "手套"淡紫色重点色猫的重点色为带粉色的浅灰色，前脚掌为白色，分布范围不超出小腿和脚掌形成的角度，后肢上白色部分向上延伸至踝关节，整个身体下方由下巴至尾部也都是白色的。

饲养指南： 磨爪子是猫咪的天性，目的是磨去老旧的趾甲，此外，磨爪子留下的气味和爪痕也是一种领地标记。为了不让猫咪抓坏家具，主人可以准备一些猫抓板让猫咪磨爪子。猫抓板可在宠物店购买，也可以自己制作，将麻绳紧紧地缠绕固定在木板上即可。猫抓板一般应放在猫咪睡觉的地方，如猫窝的旁边。当猫咪要磨爪子的时候，主人可以抓住猫咪的前肢，将猫咪的爪子放在猫抓板上磨，重复几次后，猫咪就知道这个地方是磨爪子专用的了。

耳朵中等大小，耳内有长饰毛

脚掌呈白色

头顶较为平坦

被毛浓密且厚实

眼睛明亮，为海蓝色

评审标准： 整体外形近似长方形，宽阔而结实，骨量较大；胸部饱满，肩部和臀部宽度一致。头大，呈楔形，头盖骨平坦。眼睛大，为椭圆形，呈海蓝色，眼角稍微吊起，眼距较宽。耳朵中等大小，耳基部宽，耳尖较圆，两耳距离较宽且适度外张。鼻子中等长度，没有凹陷。下巴强壮，与鼻子和上唇在一条直线上。颈部粗壮。四肢中等长度，骨骼粗壮，后肢稍长于前肢，后肢毛较长。脚掌大而圆，趾间有长毛。尾巴长，尾毛长而密。

毛领圈长而丰厚

尾毛长而浓密，呈鸟羽状披散

下巴为白色

四肢中等长度，后肢略长于前肢

小贴士： 刚出生的布偶猫全身是白色的，1周后幼猫的脸部、耳朵和尾巴开始有颜色变化，这种猫的生长发育相对较慢，它们直到2岁时被毛颜色才完全稳定下来，4岁左右体形和体重等才完全稳定下来。

双耳间距宽

身体下部呈白色

身材高大健硕，骨骼强壮，肌肉发达

原产地：美国 | 短毛异种：无 | 寿命：15~20岁 | 个性：温顺恬静、友善

"手套"海豹色重点色猫

这种猫被毛比较特殊，一般的重点色猫，四只脚掌都应该是深色的，但"手套"重点色布偶猫的前脚掌上则戴着白色"手套"，后脚掌上穿着白色"靴子"。

主要特征："手套"海豹色重点色猫的两只"手套"不超出小腿和脚掌形成的角度。后肢上白色"靴子"向上延伸至踝关节，整个身体下方由下巴至尾部也都是白色的。

饲养指南：布偶猫喜欢安静的环境，比较胆小，不太懂得保护自己，是严格的室内猫，外界的流浪猫、流浪狗及飞鸟都有可能伤害它们，因此主人一定要把猫咪放在室内饲养，不要让它长时间待在室外。

小贴士：布偶猫的叫声温柔而甜美，它们喜欢发出轻细的"喵喵"声，而不是大声地号叫。

眼睛大，呈海蓝色

四肢骨骼粗壮

前脚掌有白色的"手套"

头较大，呈楔形，头顶部平坦

颈部被毛长而蓬松，形成毛领圈

原产地：美国	短毛异种：无	寿命：15~20 岁	个性：温顺、恬静、友善

海豹色重点色猫

布偶猫脾气好，能和其他宠物友好相处，但是它们不太会保护自己，若其他宠物比较活泼或好斗，可能会伤害布偶猫。

主要特征：海豹色重点色猫的重点色毛区为深海豹褐色，鼻子呈海豹色，颈部被毛很长，眼睛为海蓝色。母猫体形比公猫小，颜色也比较浅。

饲养指南：布偶猫智商较高，禁止它们做的事，主人重复教育两三次，它们通常就不会再做了。它们特别爱与人亲近，甚至会讨好人，主人走到哪里它们就跟到哪里，因此主人要当心，别踩到它们或被它们绊倒。

小贴士：一般来说，重点色布偶猫的幼猫要到 1 岁大时才开始长出典型的重点色被毛，3 岁之后才能长成成年猫的体形和颜色。

鼻子呈深海豹色

毛领圈丰厚

被毛中等长度，柔软而浓密

眼睛为海蓝色

双耳间距宽阔

体形比较大

四肢骨骼粗壮

躯干近似长方形，宽阔而结实

原产地：美国	短毛异种：无	寿命：15~20 岁	个性：温顺、恬静、友善

淡紫色重点色猫

重点色布偶猫有海豹色、蓝色、巧克力色和淡紫色等不同的重点色，它们的被毛图案相差不大，只是颜色不一样。

主要特征： 这种猫头大且呈楔形，头顶扁平，鼻子上略有凹陷，吻部呈圆形，颈部被毛很长，眼睛为海蓝色。

饲养指南： 在布偶猫这个品种的繁育初期，为了保留其特有性状，繁育者会让猫咪近亲交配，这就导致布偶猫常会患两种遗传病，肥厚型心肌病和多囊性肾病。前者会导致猫咪呼吸频率加快、呼吸困难，严重时猫咪会出现后肢麻痹或瘫痪，甚至死亡，这种病多在猫咪 4~8 岁时发作。后者会导致猫咪食欲不振、厌食、呕吐等，这种病一般在猫咪 3~10 岁时发作。不过不用过分担心，主人可以每年给猫咪做一次体检，若猫咪得了病，就可以及时得到治疗。

被毛中等长度，柔软而浓密

华丽的毛领圈悬在前肢与颈部之间

小贴士： 布偶猫的价格往往取决于它的体形、被毛图案和血统。通常到小猫出生 12~16 周的时候，繁育者才会将其转让。因为此时的小猫已经接受了最基本的疫苗接种，而且在身体和心理上已经可以适应新的生活环境，并能参加比赛或进行空运了。

双耳间距宽阔

眼睛呈海蓝色

鼻子上略有凹陷

毛领圈丰厚华丽

脚掌大而圆

原产地：美国 | 短毛异种：无 | 寿命：15~20 岁 | 个性：温顺、恬静、友善

玳瑁色白色猫

　　布偶猫非常温柔，即使让它们和孩子待在一起也是安全的，它们动作轻柔，性格友善，忍耐力极强，被人抱得不舒服也不会轻易伸出爪子，不会对孩子造成伤害。而有玳瑁色被毛的布偶猫往往性情更加温和，更惹人爱怜。

主要特征： 玳瑁色白色猫的眼睛为海蓝色，非常清澈明亮。脸部有大片玳瑁色斑纹，身体或多或少分布着玳瑁色图案，尾巴、头部玳瑁色颜色较深。

饲养指南： 对猫咪来说，鸡蛋黄是很好的食物。鸡蛋黄中含有卵磷脂，这种物质对猫咪的毛发生长十分有利，可使猫咪的毛发变得更有光泽、更顺滑。需要注意的是，鸡蛋黄中胆固醇含量较高，摄入过多，对猫咪的身体会造成一定的负担，所以一定要掌握好喂食量。建议主人每周喂猫咪吃 2~3 个煮熟的鸡蛋黄，既可以直接喂食，也可以拌在猫粮中喂食。

小贴士： 布偶猫很安静，运动能力较差，不喜欢像别的猫咪那样上蹿下跳。它们非常喜欢人类，最喜欢做的事就是静静地陪在主人身边，被人拥抱时也从不抗拒。

眼睛为海蓝色，眼角微微上扬

下巴发育良好

头部较大，呈楔形

面部被毛较短

脸部呈"V"形

头顶部较为平坦

吻部呈圆形

被毛为中等长度，不易打结

原产地：美国	短毛异种：无	寿命：15~20 岁	个性：温顺、恬静、友善

索马里猫

又称索马利猫

　　索马里猫属于中到大型猫，外表有王者风范。它们以非洲国家索马里命名，选用此名是为了表示它们与阿比西尼亚猫的近亲关系（阿比西尼亚是埃塞俄比亚的旧称，索马里与埃塞俄比亚接壤）。索马里猫是由纯种的阿比西尼亚猫基因突变得来的长毛猫，直到 1967 年人们才着手对这种猫进行有计划的培育繁殖。索马里猫的长相与阿比西尼亚相似，身体比例均匀协调，肌肉结实，线条优美；活泼贪玩，性情温和；感情丰富但不过度热情，需要人的关注。

深红色猫

　　深红色猫是索马里猫的代表品种，市面上最为常见，也是最早获准在英国参展的颜色品种。

主要特征： 深红色猫的底毛颜色是非常鲜艳的深棕红色，并带有金色，单根毛上有条纹，毛尖色是巧克力色；脊椎处和尾巴上的毛斑纹色最深。被毛为中长毛，质地柔软、细腻、浓密。以颈部周围有毛领圈、后肢有"马裤"形长毛为佳。这种猫头和脸部均呈稍圆的楔形，耳朵大，高高竖立着；眼睛大，为杏仁形，一般呈绿色、琥珀色或浅褐色，眼圈为黑色；鼻子中等大小，鼻梁至额头呈拱形。

耳朵较大，呈宽倒"V"形

下巴强壮结实

尾毛十分浓密

被毛颜色非常鲜艳

与身体相比，头显得比较小

背部与四肢被毛较长

饲养指南： 索马里猫的毛发比较茂密，需要主人为它们经常打理被毛。

小贴士： 索马里猫的运动神经非常发达，动作敏捷，喜欢自由活动，而且它们喜欢喊叫，且叫声十分响亮，因此不适合被长期圈养在公寓里，比较适合生活在活动空间较为宽敞的环境中。

原产地：美国　|　短毛异种：深红色阿比西尼亚猫　|　寿命：15~20 岁　|　个性：活泼、好动

栗色猫

索马里猫是一种警觉性很强的猫咪，也非常聪明，且活泼好动，对周遭环境充满好奇，所以给人们留下了体力充沛的印象。

主要特征：栗色猫的底层被毛是较深的杏黄色，耳尖和尾尖的毛色相似，为暖色调的紫铜色，单根毛上带有巧克力色斑纹。被毛为双层，每根毛上有 3~4 条条纹。上背部的毛发较短，下部毛发较长。索马里猫的眼睛周围都具有由浅色毛环绕的黑眼圈，额头和脸颊上都有清晰可辨的深色斑纹。这种猫体形苗条，比阿比西尼亚猫的体形圆一些，四肢细长，骨骼纤细；脚掌为椭圆形，脚趾间有簇毛；尾巴根部较粗，尾毛长，形状像瓶刷。

眼睛大，为杏仁形

体形中到大型，肌肉结实，线条优美

四肢细长，骨骼纤细

被毛细软、浓密

尾巴根部较粗，尾毛长，形状像瓶刷

底层被毛是较深的杏黄色

脚掌结实，前脚掌有五趾，后脚掌则有四趾

眼睛至脸颊的线条平缓

饲养指南： 在猫咪肛门开口下方有个叫肛门腺的腺体，当猫咪紧张的时候，肛门腺就会分泌出难闻的物质，有一定的防卫作用。一般情况下，肛门腺是不容易出问题的，但现在的猫咪生活安逸，不经常收缩括约肌，导致肛门腺分泌物很难排出，时间久了，可能导致肛门腺发炎。因此，主人应定期检查猫咪的肛门腺，若发现有分泌物堆积，需要帮助猫咪挤出分泌物。

繁殖特点： 这种猫不是高产的品种，平均每窝产仔 2~3 只。

耳朵竖立，两耳间距宽

毛色均匀

小贴士： 索马里猫的被毛上是有斑纹的，但有别于其他猫咪的斑纹，它的每根毛上都有 3~20 条条纹，所以它看起来更像一只颜色和谐的纯色猫。

脚掌为椭圆形，脚趾间有簇毛

原产地：美国 | 短毛异种：栗色阿比西尼亚猫 | 寿命：15~20 岁 | 个性：活泼、好动

棕色猫

　　索马里猫彼此交配只能生下长毛索马里猫，而索马里猫和阿比西尼亚猫杂交所生的小猫，则既有长毛的，也有短毛的，在一窝杂交的幼猫中，索马里猫往往要比阿比西尼亚猫略大。

主要特征：棕色猫毛发的毛根颜色是深杏黄色，体色较深，毛发上的斑纹为巧克力色。这种猫的身体线条非常流畅，看上去灵活，且充满力量。它的面部线条也很优美，眼睛及面颊呈平缓的曲线形，双耳间至颈部的线条也非常平滑。

饲养指南：虽然猫咪的日常饮食应以肉食为主，但如果只让猫咪吃肉，会导致猫咪矿物质和维生素摄入不足，影响猫咪的身体健康，因此主人应根据猫咪的具体情况，为它添加一点植物性食物或营养素。有的主人为了省事，只用猫粮喂猫，这样做是不对的，因为猫粮中的营养物质不能完全满足猫咪的营养需求。

小贴士：索马里猫的爪子非常灵活，擅长抓握，可以像猴子一样抓取物品。它们不像一般猫咪那样怕水，反而喜欢玩水，大部分索马里猫都会开水龙头。

头呈微圆的楔形

臀部肌肉发达

毛根颜色是深杏黄色，体色较深，毛发上的斑纹是巧克力色

肩部被毛较短

颈部被毛较长，形成毛领圈

后肢有"马裤"形长毛

尾尖颜色较深

眼睛大，为杏仁形

被毛为中长毛，质地柔软而细腻

原产地：美国　|　短毛异种：棕色阿比西尼亚猫　|　寿命：15~20 岁　|　个性：活泼、好动

棕红色猫

索马里猫的面部表情很严肃，但它性格活泼可爱，十分顽皮，可以说是表里不一的。

主要特征： 棕红色猫的被毛颜色应为带有金色的棕红色，毛尖色是巧克力色；背部和尾巴上的毛斑纹色最深。它们在整体外观上和深红色猫接近，但是毛色要浅得多。

饲养指南： 索马里猫非常希望得到主人的关注和照顾，所以主人不可以冷落它们太久，否则它们会非常不开心。这种猫喜欢登高远眺，主人可在家中放置猫爬架，好让猫咪可以随时爬上去玩耍。此外，它们还喜欢磨爪子，猫抓

板也是必不可少的。

小贴士： 索马里猫刚出生时是一身短毛，毛会迅速变软。随着猫咪的成长，被毛会渐渐变得平滑和富有光泽。

被毛颜色应为带有金色的棕红色，毛尖色是巧克力色

耳朵竖立，耳内多饰毛

尾毛浓密

四肢比较长

脚掌大而圆，脚趾紧凑结实，趾间长有饰毛

| 原产地：美国 | 短毛异种：棕红色阿比西尼亚猫 | 寿命：15~20岁 | 个性：活泼、好动 |

浅黄褐色猫

1983 年，英国猫协会正式承认索马里猫，1993 年，在英国猫迷管理委员会举办的比赛中，索马里猫第一次获得冠军。现在，国际爱猫联合会认可的索马里猫的毛色有淡红色、红色、蓝色和浅黄褐色 4 种。

主要特征： 浅黄褐色猫的底层被毛是带粉红色的浅黄色或咖啡色，毛尖为棕褐色，颜色较深，与体色形成较明显的对比。

饲养指南： 索马里猫精力旺盛，在家中会不停地上蹿下跳，主人最好将家中的贵重物品收藏好，以免被猫咪打破或摔坏。为了消磨猫咪旺盛的精力，主人可在安

全有保障的情况下，带猫咪出门散步，让它在户外尽情发泄精力，这样也可降低它的破坏力。

小贴士： 索马里猫不适合老人和闲暇时间较少的人饲养。

耳朵较大，耳内有饰毛

琥珀色眼睛呈杏仁形

四肢细长

被毛柔软、细密

| 原产地：美国 | 短毛异种：浅黄褐色阿比西尼亚猫 | 寿命：15~20岁 | 个性：活泼、好动 |

巴厘猫

又称长毛暹罗猫、长毛阿密丝猫

巴厘猫非常像长着长毛的暹罗猫，它的体形和暹罗猫一样，也是瘦长体形，与其他长毛猫相比，其被毛比较短，柔软如貂皮，身材修长、苗条、肌肉发育良好。其实，巴厘猫和巴厘岛没有地域归属关系，繁育者由其优美高雅的体态和婀娜多姿的动作，联想到印度尼西亚巴厘岛土著舞蹈演员的优美舞姿，因而以"巴厘"为其命名。巴厘猫毛长5厘米左右，属于中长毛，毛色和暹罗猫相同。

海豹色重点色猫

虽然这种猫的重点色颜色越深越受欢迎，但因体毛较长，能够隔绝影响颜色深浅的冷热空气，因此，重点色的颜色绝不会比海豹色重点色暹罗猫的颜色深。

主要特征： 海豹色重点色猫的重点色为均匀的单一色，即和鼻子、掌垫颜色相称的暗海豹褐色。背部是浅黄褐色，身体两侧是暖色调的乳色，身体下方毛色更淡。巴厘猫有着倒三角形的小尖脸；眼睛大，为杏仁形；耳朵大，两耳间距较小。

饲养指南： 巴厘猫的被毛如丝绸般光滑，虽然毛发也会季节性脱落，但它们的被毛没有底毛，毛发不太容易打结，因此很好打理。主人只要一周一次拿刷子把猫咪身上脱落的毛发清理干净即可。

头部呈楔形

蓝色眼睛
呈杏仁形

脚掌较小，呈椭圆形

耳朵大，基部较宽

下颚轮廓呈
"V"形

小贴士： 巴厘猫是由暹罗猫自然变异或隐没遗传性状产生的，这种猫1963年在美国首次被承认，现为世界各地极受欢迎的品种之一。

四肢长而纤细，与
身体的比例协调

原产地：美国 | 短毛异种：海豹色重点色暹罗猫 | 寿命：15~18岁 | 个性：活泼

巧克力色重点色猫

巴厘猫性格热情活泼,好奇心比较强,精力旺盛,比较贪玩。它们喜欢和人相处,比较黏人,也爱对人撒娇,是很好的家庭宠物。

主要特征： 巧克力色重点色猫的象牙色身体与暖色调的巧克力色重点色形成了鲜明的对比。这种猫中等大小,身体呈流线形,是典型的东方猫体形；颈部细长,线条优美；胸部为圆筒状,腹部上收；四肢细长,后肢比前肢略长,脚掌小,为椭圆形,脚趾间有饰毛；尾巴为锥形,尾毛长而飘逸。它的头中等大小,呈楔形；耳朵大,基部较宽；眼睛大,呈蓝色,眼角稍微吊起；鼻梁长而直；下颌呈"V"形。

饲养指南： 巴厘猫性格活泼外向,还喜欢和人"聊天",因此主人最好每天抽出一定的时间陪它玩耍,与它交流,听它"倾诉心声"。这种猫的活动量比一般的猫咪大一些,主人可以带它到户外活动,或为它准备一些小玩具。

头呈楔形

耳朵大而尖,基部宽

脚掌小,呈椭圆形,趾间有饰毛

小贴士： 巴厘猫出生时被毛是白色的,之后才会长出重点色,差不多1岁时,猫咪被毛的颜色才稳定下来。另外,成年猫随着年龄的增长,被毛颜色会变得更深一些。

颈部细长,线条优美

鼻梁长而直

眼睛很大,幼猫的眼睛更圆一些

胸部为圆筒状,腹部上收

尾巴上有丰富的饰毛

原产地：美国 | 短毛异种：巧克力色重点色暹罗猫 | 寿命：15~18岁 | 个性：活泼

美国卷耳猫

又称反耳猫

　　美国卷耳猫起源于美国加利福尼亚州，1981 年首次被发现，1983 年人们开始对其进行品种选育，它们是猫世界中稀有的新成员。美国卷耳猫的卷耳是经遗传基因突变形成的，而且遗传学家研究发现，这种基因突变并没有给猫咪的健康造成不利影响。这种猫耳朵卷曲的程度有三种：轻度卷曲、部分卷曲和新月形。卷耳猫聪明伶俐、温顺可爱、性格平和，非常讲究卫生。它们爱黏着主人，也能与家里的其他宠物和睦相处，非常适合家庭喂养。

白色猫

　　耳朵卷曲并带有装饰性饰毛是美国卷耳猫的主要特征，同时，斜向鼻子的核桃形眼睛和中等大小的矩形身体也是这个品种的重要特征。

主要特征： 白色猫的被毛为半长毛型，除尾巴上多有乳黄色斑纹外，全身其他地方的被毛都是纯白色的。这种猫底毛较少，被毛质地光滑柔软，手感如丝绸。这种猫在外形上，最有特点的就是它向头顶弯曲的耳朵了，耳朵内侧为浅粉红色，长有长长的饰毛，看起来可爱俏皮。

饲养指南： 主人在与猫咪玩耍，或给猫咪梳洗的时候，要特别小心它们的耳朵，不要将其故意弯成不自然的形状，以免折断耳朵的软骨。

小贴士： 这种猫的耳朵不是折耳，而是旋转卷曲，卷曲的弧度至少是 90°，但不能超过 180°。从正面看，两只耳朵应该是对称的。一般来说，从宠物级到赛级，等级越高，猫咪耳朵卷曲的弧度越大。

蓝色的核桃形眼睛略向鼻子倾斜

体形中等，被毛为半长毛

耳朵内侧为浅粉红色

鼻子为粉红色

尾毛蓬松

耳朵向头顶弯曲

头上的被毛比较短

颈部中等长度，结实且灵活

前肢笔直

原产地：美国	短毛异种：白色短毛卷耳猫	寿命：13~20 岁	个性：温柔、警戒、活泼

黄棕色虎斑猫

美国卷耳猫的性格稳定，平时非常安静，不喜欢叫，而且它们非常聪明，知道怎么让主人明白自己的需求，它们不好争斗，能与家中其他宠物友好相处，是非常理想的家庭宠物，几乎适合所有家庭饲养。

耳朵卷曲，耳内多饰毛

眼睛大，呈核桃形

颈部被毛长而密，形成毛领圈

被毛柔软丰厚

主要特征： 黄棕色虎斑猫的被毛底色为较深的乳黄色，与身上深棕色虎斑斑纹形成鲜明对比，核桃形大眼睛带有黑色"眼线"，并且眼睛周围有乳黄色眼圈，看上去总是炯炯有神的。这种猫是中型猫，体形近似矩形，整个身体灵活、有弹性；四肢中等长度，骨骼既不粗壮也不纤细，脚掌中等大小，呈圆形；尾巴柔软，长度与身体比例协调，根部较粗，尖端渐细。

饲养指南： 这种猫非常爱干净，甚至可以说它们有"洁癖"。它们没有随地排泄的习惯，每次都会在同一个地方排泄，还会将排泄物用土盖起来。主人只要为猫咪准备好猫砂盆和猫砂，并让它们知道这里是它们的"卫生间"就可以了。

小贴士： 美国卷耳猫幼猫刚出生的时候，耳朵都是正常竖立的，4~7天后，耳朵开始卷曲，直至4个月后完全定型。这种猫性成熟时间较晚，2~3岁才完全长成。

眼睛带有黑色"眼线"

眼睛周围有乳黄色眼圈

头上有"M"形虎斑

具有从外眼角延伸出去的"眼镜腿"斑纹

四肢中等长度，骨骼既不粗壮也不纤细

原产地：美国 | 短毛异种：黄棕色虎斑短毛卷耳猫 | 寿命：13~20岁 | 个性：温柔、警戒、活泼

红白色猫

　　美国卷耳猫聪明、热情、合群，非常依赖自己的主人，渴望得到主人的关注，希望时时刻刻与主人待在一起，为此，它们常常会跟在主人身边蹭蹭、拍拍主人，告诉主人自己就在这里。它们很安静，不喜欢大喊大叫，拥有柔和的颤音和咕咕的叫声。

主要特征：红白色猫被毛的底色为白色，白色毛区与棕红色毛区对比鲜明；棕红色毛区主要分布在头部、背部和尾巴处，有时四肢上也有棕红色斑纹。

饲养指南：美国卷耳猫的底毛极少，而且被毛很少出现脱毛和打结现象，所以很好打理。不过猫咪很享受主人给它们梳理毛发的过程，那也是主人和它们进行交流的一种方式。

评审标准：头为楔形，长度略大于宽度，线条平滑；鼻子中等长度，较直，从眼底到前额略上升；口套圆润，须垫不明显；下巴结实，与上唇和鼻子在一条直线上。耳朵卷曲至少100°，不超过179°，中等大小，基部宽，尖端较圆。眼睛中等大小，呈核桃形，上眼线椭圆形，下眼线圆形，颜色除重点色品种要求为蓝色外，其他无要求。尾巴根部宽，渐细，与身体等长。四肢中等长度，正面及后面看均为直线形，骨量中等。脚掌中等大小，圆形。

核桃形大眼睛略斜向鼻子

被毛光滑柔软

尾巴与身体等长，呈锥形

体形近似矩形

耳朵卷曲，耳内饰毛丰富

下巴结实，与鼻子和上唇可连成直线

鼻子为粉红色

脚掌为圆形，中等大小

血统与起源：世界上第一只美国卷耳猫是一只流浪的雌性黑色长毛猫，名叫舒拉米斯（Shulamith）。至少在 2010 年之前，为丰富基因库，是允许这种猫与其他品种的猫咪交叉配种的。2010 年以后，国际爱猫联合会禁止这种猫与其他品种杂交，目的是提高这种猫血统的纯度。

小贴士：这种猫出现时间较晚，虽然很受欢迎，但至今数量依然很少，是比较稀有的宠物猫品种。

吻部较为圆润

被毛的底色为白色，白色毛区与棕红色毛区对比鲜明

四肢中等长度

原产地：美国 | 短毛异种：红白色短毛卷耳猫 | 寿命：13~20 岁 | 个性：温柔、警戒、活泼

异国短毛猫

又称外来种短毛猫、短毛波斯猫、加菲猫

　　大约在 1960 年，美国的育种专家将美国短毛猫和波斯长毛猫进行杂交，以改进美国短毛猫的被毛颜色并增加其体重，于是就有了这样一批绰号为"异国短毛猫"的小猫。后来，这种猫成为独立的品种，绰号也成了它们的正式名称。异国短毛猫的被毛与美国短毛猫相似，体形为和波斯长毛猫一样的矮脚马形。它们有着可爱的表情和圆滚滚的身体，性格如波斯长毛猫般文静、亲切，深受人们的喜爱。

淡紫色猫

　　异国短毛猫体形矮胖，身体重心低，虽然是短毛猫，但其被毛略长于其他短毛猫。它们圆滚滚的体形看起来滑稽可爱。

主要特征：淡紫色猫被毛最理想的颜色是带粉红色的紫灰色，整体被毛颜色深度均匀；被毛长度适中，厚实、浓密、柔软，且很有弹性。

饲养指南：异国短毛猫和波斯猫一样，鼻子较短而且扁塌，这导致它们的泪腺容易堵塞，所以主人要注意做好它们的脸部清洁工作。

耳朵小，两耳间距宽

鼻子有明显凹陷，鼻孔宽大

颈部粗短

尾巴粗，呈圆柱形

脚掌大，呈圆形

两颊饱满

吻部突出

胸部宽而结实

四肢较短，骨骼粗壮，肌肉结实

血统与起源：起初，繁育者用英国短毛猫、暹罗猫、俄罗斯蓝猫等短毛猫与波斯长毛猫进行杂交，有人认为这样会破坏波斯长毛猫的血统，这种行为一度被禁止。后来，繁育者只用美国短毛猫和波斯猫杂交，最终得到了稳定的异国短毛猫品种。

小贴士：异国短毛猫性情温顺、沉静，但略比波斯猫活泼。它们好奇心很重，而且贪玩。

原产地：美国 ｜ 长毛异种：淡紫色波斯长毛猫 ｜ 寿命：13~15 岁 ｜ 个性：顽皮但感情丰富

白色猫

　　1986年，欧洲猫协联盟（简称FIFe）正式承认了异国短毛猫。如今，该品种在美国已经非常普遍，在欧洲等地区也逐渐流行起来。

主要特征：白色猫的被毛颜色为闪闪发亮的纯白色，没有杂色毛，浓密的被毛直立，不紧贴身体。这种猫是中到大型猫，体形矮壮，身体线条浑圆而柔和，骨骼强壮。四肢短，粗壮结实，脚掌大而圆润。尾巴短，但与身体比例协调，被毛中等长度，厚实浓密。它们的头大而圆，脸颊丰满；眼睛大而圆，双眼间距较大；耳朵小，两耳间距较大；吻部短、宽，呈圆形；鼻子短而宽，有明显的轮廓；下巴发育良好，结实丰满。

饲养指南：异国短毛猫性格温顺、文静，很容易受到其他宠物的攻击，所以不要把它们和太有攻击性的宠物放在一起喂养。它们不是黏人的猫咪，主人要给它们足够的空间，允许它们独处。虽然这种猫大多数时间是安静温顺的，但到了晚上，它们可能会变得很活跃，主人最好能提前对它们进行一些训练，以使它们养成良好的习惯。

小贴士：异国短毛猫身体结实，但性成熟较晚，3岁左右才达到性成熟。

背部较平

体形矮壮，线条浑圆而柔和

脚掌大而圆

头骨非常宽

脸颊丰满

下巴丰满厚实

胸部较宽

耳朵顶端向前微微倾斜

鼻子呈粉红色

尾巴短，尾毛中等长度，厚实浓密

四肢粗壮

原产地：美国 ｜ 长毛异种：白色波斯长毛猫 ｜ 寿命：13~15岁 ｜ 个性：顽皮但感情丰富

红色虎斑白色猫

最初这种红色虎斑被称为橘色虎斑，且不太受人们喜欢。不过现在它们已经受到越来越多养猫者的追捧。

主要特征： 红色虎斑白色猫的被毛底色为白色，头上有"M"形虎斑，身上有色毛区与白色毛区界限分明，轮廓清晰。有色毛区主要分布于猫咪的头部、背部和尾巴处，四肢有时也有斑纹存在；白色毛区主要分布于猫咪身体的下部。

饲养指南： 有些猫咪对某些食物很敏感，即使吃到嘴里也会把它吐出来，主人这时一定要停止喂食这种食物。有些植物会引起猫咪过敏或中毒，如水仙花、夹竹桃等，主人应该把它们移走或放在猫咪碰不到的地方。

小贴士： 异国短毛猫眼睛颜色与被毛相匹配，大多为金色到古铜色，也有绿色和蓝色。

尾巴上有清晰的环纹

前额有"M"形虎斑

吻部突出

眼睛大而圆，眼梢稍吊

耳朵略小，耳内饰毛丰富

四肢粗短

成年猫红色毛区颜色更深

| 原产地：美国 | 长毛异种：红色虎斑白色波斯长毛猫 | 寿命：13~15岁 | 个性：顽皮但感情丰富 |

金色渐层猫

别看异国短毛猫外表娇憨可爱，实际上这种猫保留了部分捕猎的本性，其骨骼粗壮、肌肉发达，被它抓到的猎物根本无法逃脱。

主要特征： 金色渐层猫底层被毛的颜色从杏色到浅金色不一，金黄色体毛的毛尖是巧克力色或黑色，构成渐层色。这种猫身体浑圆结实，具有标准的五短身材，即躯干短、尾巴短、四肢短、脖子短及耳朵短。它的脸又大又圆，还比较平，鼻子翘起来像猪鼻子一样。

饲养指南： 大多数异国短毛猫都不爱运动，如果猫咪整天都趴在主人的膝盖上睡觉，主人就应该注意了，要多带它做运动，以免影响它的健康。

小贴士： 理想的异国短毛猫给人的首要印象应该是具有结实的骨骼、柔和的神情、大而圆的眼睛以及浑圆的线条。

尾巴粗且被毛浓密

耳朵略小，耳内饰毛丰富

头部宽而圆

鼻子宽、短而扁

前额有"M"形虎斑

下巴丰满

脚掌大而圆

四肢粗壮肥短

| 原产地：美国 | 长毛异种：金色渐层波斯长毛猫 | 寿命：13~15岁 | 个性：顽皮但感情丰富 |

乳黄色
重点色猫

乳黄色重点色猫的眼睛为蓝色，大而圆，非常惹人喜爱，不过重点色异国短毛猫还没有得到人们的普遍认可。

主要特征： 这种猫的重点色为乳黄色，深度较浅或者中等，重点色毛区与白色毛区对比较为鲜明。

饲养指南： 猫咪趾甲需要定时修剪，但在剪完趾甲后它们不能保护自己，这时要把它们关在家里。此外，从健康的角度来说，不建议剪掉它们的后脚掌趾甲。

小贴士： 下半身明显虚弱，臀部

过瘦且后肢无力；背部不平直，有不正常的曲线；尾巴出现任何扭曲或者不正常状态；头骨畸形造成的脸部或头部的不对称、斜视等；重点色品种的眼睛为蓝色以外的颜色，具有上述缺陷的异国短毛猫会被判定为失格。

眼睛很大，为蓝色
头大而圆，脸颊丰满
下颚发达
胸部宽厚
脚掌大而圆
被毛短而浓密
四肢粗壮
尾巴为乳黄色

原产地：美国	长毛异种：乳黄色白色波斯长毛猫	寿命：13~15岁	个性：顽皮但感情丰富

蓝色标准
虎斑猫

蓝色标准虎斑猫外表酷似波斯猫，唯一不同的地方是它的被毛浓密而直立，不紧贴身体。

主要特征： 蓝色标准虎斑猫的斑纹为非常深的蓝色，呈块状分布，与淡蓝灰色底色形成鲜明的对比。前额"M"形虎斑清晰，两肋腹上带有牡蛎状图案。这种猫的被毛丰厚，手感柔软顺滑。被毛具有完整的三层，底层绒毛浓密厚实，护毛和芒毛为中等长度，不太长也不太短，三层被毛比例协调。

饲养指南： 这种猫脸部结构扁平，泪腺较短，所以很爱流眼泪，并会在脸上形成明显的泪痕，主人最好每天为它们擦洗眼部。

小贴士： 异国短毛猫几乎允许出现所有的颜色和花纹，包括纯色、双色、梵色、玳瑁色、重点色以及各种斑纹。

头大而圆，头骨宽
颈部有完整圈纹
耳朵小，耳内有饰毛
眼睛大而圆
脸颊丰满
四肢粗短健壮
尾巴粗，呈锥形，尾巴上的环形纹清晰

原产地：美国	长毛异种：蓝色标准虎斑波斯长毛猫	寿命：13~15岁	个性：顽皮但感情丰富

黑色猫

　　除了被毛的长度和质地外，异国短毛猫的各个方面都很像波斯长毛猫，并且它们的被毛长度比一般的短毛猫要稍长一些。

主要特征： 黑色猫的被毛为纯黑色，没有杂色毛，毛色深且富有光泽，成年猫的黑色没有铁锈色痕迹，幼猫的毛色会略带灰色或铁锈色，不过在成长的过程中会逐渐消失。它们的头大且圆，颈部粗短。脸圆而平，脸颊有肉，下巴结实，鼻子短且塌陷，耳朵小且向前稍倾斜，眼睛又大又圆。身体膀大腰圆，四肢粗短而有力，脚掌大而圆，脚趾紧密相连。

饲养指南： 异国短毛猫的肠胃较一般猫咪弱一些，稍微不注意，就容易出现呕吐、拉肚子等现象，主人应注意为猫咪选择适合的猫粮，喂食波斯猫专用猫粮也是不错的选择。这种猫的脸又大又圆，还比较平，主人在为猫咪准备食盆和水盆的时候，一定要选择口大且底浅的，以方便它们进食和饮水。此外，在猫咪吃完饭、喝完水之后，主人最好为它们擦擦脸。

鼻子有明显凹陷

颈部粗短

双耳间距宽，耳朵稍向前倾斜

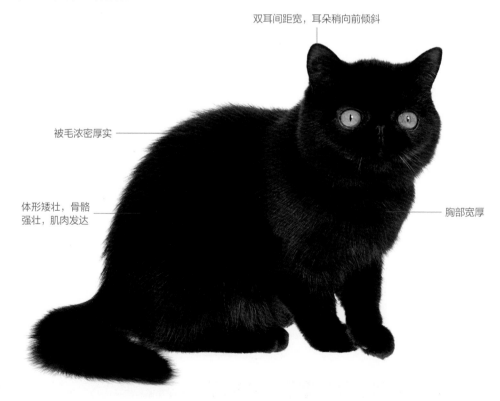

被毛浓密厚实

体形矮壮，骨骼强壮，肌肉发达

胸部宽厚

头部宽而圆

脸圆而平，脸颊丰满

身体线条柔和

四肢粗短健壮

繁殖特点：这种猫春季进入发情期，一年能生 2 窝，每窝产仔 2~4 只，最多能产 8 只。

耳朵小，耳尖为圆形

下巴发育良好

脚掌大且结实

小贴士：世界上最有名的异国短毛猫大概就是美国的卡通明星加菲猫了，这只猫咪是红色虎斑猫，重 2.44 千克，喜欢睡觉、吃饭、欺负小狗欧迪，金句经常脱口而出，比如"这个世界上还有很多比钱更重要的东西，比如说意大利面""肚子大不可怕，可怕的是肚子里没有好东西"。这只猫咪实在太有名了，因此人们常将异国短毛猫称为"加菲猫"。

眼睛颜色从金色、橘色到红铜色不一

原产地：美国 ｜ 长毛异种：黑色波斯长毛猫 ｜ 寿命：13~15 岁 ｜ 个性：顽皮但感情丰富

孟加拉猫

又称孟加拉豹猫、豹猫

　　1963年，美国加利福尼亚州的繁育专家琼·米尔买了一只野生的雌性亚洲豹猫，琼·米尔用这只豹猫与一只雄性黑色短毛猫杂交培育出了孟加拉猫。1984年，孟加拉猫成为一种具有温驯个性与稳定遗传特性的新猫种，并经国际猫协会认证为新品种的家猫。它们具有金色的底色和黑色的斑纹，骨架结实，身体强壮。人类对孟加拉猫的驯化时间还比较短，该品种的猫咪独立性强，性情多变，有时会表现出野性的一面，它们的捕猎能力也比其他品种的猫咪强。

金豹

　　孟加拉猫身上既有着其野生祖先一样的野性美，精力充沛，好奇心强烈，自信且机警，又有家猫身上那种对人的信赖和依靠，并且不具备攻击性。它们可以和孩子、狗狗打成一片，还喜欢玩水，适合家里有孩子和狗狗的家庭饲养。

主要特征： 金豹身上的斑纹不同于虎斑斑纹，比较像玫瑰花瓣的形状，斑纹随机散布或排列成水平状。被毛较短，厚密，手感细腻如丝。这种猫为中到大型猫，体形修长而结实，肌肉发达，骨骼强健；颈部长而结实，肌肉发达；四肢中等长度，后肢稍长于前肢，脚掌大而圆，脚趾明显突出。尾巴中等长度，为锥形，尖端稍圆。头小，为楔形，长度大于宽度；耳朵中小型，耳基部较宽，尖端较圆；眼睛大，呈椭圆形；鼻子大而宽阔；吻部饱满且宽阔。成年公猫体形大于成年母猫，且肌肉更强壮，母猫体形更优美；幼猫的被毛较长。

耳尖呈椭圆形

脚掌厚而圆

尾巴呈锥形，末端较圆

颈部长而结实

躯干较细长

头小，为偏圆的楔形，长度大于宽度

眼睛椭圆形，两眼间距大

关节突出，后肢比前肢稍长

四肢中等长度

被毛密实柔滑

饲养指南： 由于豹猫隐藏着野性的血统，独立性强，强迫它黏在主人身边只会惹来它的反感，所以必须给它一定的自由。这种猫精力充沛，好动，家中可多放置几个猫爬架供它玩耍。

鼻子大且宽阔

身上的斑纹很像玫瑰花瓣的形状

吻部饱满且宽阔

骨骼强健，肌肉结实

小贴士： 除了金豹以外，被国际猫协会认可的孟加拉猫还有银豹和雪豹两种。

原产地：美国 | 长毛异种：无 | 寿命：15~20岁 | 个性：友善、独立

177

美国短毛猫

又称美短

美国短毛猫是原产于美国的一种猫咪，其祖先为 17 世纪左右由欧洲早期移民带到北美洲的猫种，与英国短毛猫和欧洲短毛猫为同类。该品种的猫咪是在街头巷尾收集来的猫咪当中选种，并和进口品种杂交培育而成的。美国短毛猫素以体格魁伟、骨骼粗壮、肌肉发达、生性聪明和性格温顺而著称，是短毛猫中的中到大型品种。这种猫的被毛厚密，毛色达 30 余种，其中银色条纹品种尤为名贵。

银色标准虎斑猫

美国短毛猫最初是作为工作猫被饲养的，它们的工作就是抓老鼠，即使到了今天，这种猫的运动神经仍十分发达，动作敏捷，捕鼠的本领依然非常高强。

主要特征：银色标准虎斑猫是美国短毛猫中非常名贵的一个品种，它的头上"M"形的虎斑斑纹明显，肩部斑纹呈蝴蝶形，两肋腹上均有牡蛎状毛块，尾巴上有许多道环纹。它的被毛很短，紧贴身体，柔软而厚实，具有防寒、防水的特点。这种猫身体强壮，比例协调，肌肉发达，骨骼强健结实，颈部粗壮，胸部浑圆，背部平直，四肢中等长度。它的头大，为椭圆形，长度略大于宽度，脸颊丰满；耳朵中等大小，尖端细圆，两耳的距离是双眼距离的 2 倍；眼睛大，为杏仁形，眼角稍稍吊起；吻部为正方形；下巴发育良好，与上唇和鼻尖在一条直线上。

头大，为椭圆形，长度略大于宽度

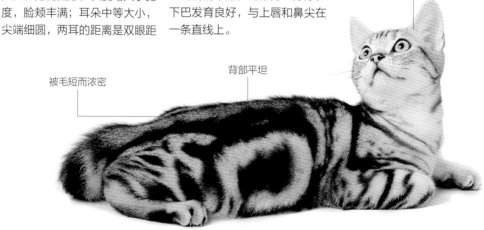

耳基部较宽

背部平坦

被毛短而浓密

体形中到大型，骨骼粗壮、肌肉发达

头上有"M"形虎斑

眼睛为金色或红铜色，睁得很大

颈部中等长度，粗壮有力

饲养指南： 美国短毛猫精力非常旺盛，不像其他猫咪总是懒洋洋的，家里最好有猫爬架之类的猫玩具让它们消耗精力。这种猫体质比较好，不容易生病，不过主人应该注意，它们有患心脏方面疾病的风险，最好一年为它们体检一次。

前肢笔直

下巴结实

两肋腹上有牡蛎状斑纹

小贴士： 猫咪腮部有肉，看起来更加可爱，而美国短毛猫具备发腮的基因，喂养得当的话，它们的脸会变得更浑圆。此外，公猫的腮部比母猫发达。

脚掌大而圆，结实饱满，呈圆形

原产地：美国 ｜ 长毛异种：银色标准虎斑缅因猫 ｜ 寿命：15~20岁 ｜ 个性：独立

蓝色猫

美国短毛猫遗传了它们祖先的健壮、勇敢和吃苦耐劳等特点，它们的性格温和且稳定，善解人意，好奇心比较强，而且不会乱发脾气，不喜欢乱吵乱叫，非常适合有孩子的家庭饲养。

主要特征：蓝色猫为纯色猫，被毛为蓝灰色，颜色均匀，尾巴的长度等于身体（从肩胛骨到尾根）的长度。它们身体紧实、匀称且强壮有力；胸部饱满宽阔；四肢粗壮，骨量中等；脚掌结实饱满；尾巴呈锥形，尾毛浓密厚实。这种猫完全发育成熟需要 3~5 年的时间。

饲养指南：喂食过量或是洗澡着凉，均能导致猫咪免疫力降低，使体内原有的或环境中的病原微生物大量繁殖或进入机体，进而导致猫咪生病。

鼻子中等大小

下颚较长且强壮

尾巴根部粗壮

小贴士：美国短毛猫与英国短毛猫、欧洲短毛猫都有一定的血缘关系，但是经过长时间的培育，这三种猫咪已经有了肉眼可辨的区别。与英国短毛猫相比，美国短毛猫体形更修长，脸比较瘦，鼻子更长，耳朵也更尖，被毛看上去很光滑，没有英国短毛猫那么毛茸茸的。一般来说，美国短毛猫比欧洲短毛猫体形更大，看上去更瘦削。

脚掌结实，呈圆形

耳尖细圆

颈部肌肉发达

眼睛大且睁得很开

被毛短且厚，质地硬滑

胸部饱满宽阔

| 原产地：美国 | 长毛异种：蓝色缅因猫 | 寿命：15~20 岁 | 个性：独立 |

加拿大无毛猫

又称斯芬克斯猫

历史上，无毛猫曾多次出现，但一直没有受到人们的重视。直到 1966 年，加拿大的繁育者在安大略省再次发现了无毛猫，他们便想培育出一种让猫毛过敏的人也能饲养的品种。经过近交选育，一个新的猫咪品种诞生了，这就是加拿大无毛猫。虽然名字为无毛猫，但实际上它们并不是完全没有毛发，大部分无毛猫在耳部、吻部、鼻子、尾巴前段、脚掌等部位长有细薄的胎毛，还有一些猫咪全身都长有不易发现的细软绒毛。加拿大无毛猫性格温顺独立，没有攻击性，是很好的家庭宠物。

暗灰色猫

虽然从外形上看，加拿大无毛猫不如其他猫咪可爱，甚至有人认为它们长得很"可怕"，但是这种猫性情非常温柔，不爱争斗，能与其他猫咪、狗狗和睦相处，是名副其实的小可爱。

主要特征：加拿大无毛猫的体色主要通过皮肤颜色体现。暗灰色猫全身颜色为暗灰色。这种猫的头呈楔形，脸部呈倒立的正三角形，棱角分明；耳朵硕大，基部宽，两耳间距较小；眼睛大，呈柠檬形，略突出，眼角稍微吊起，双眼间距较大。

饲养指南：因为被毛过于稀疏，所以这种猫既怕冷又怕热，适合待在室内，室温最好保持在 25~30℃。如果有需要，冬天时主人还可以为猫咪穿上衣服以抵御寒冷，衣服的质地要柔软亲肤，尽量不要选择毛织品。

小贴士：这种猫已经培育出各种颜色和花纹，它们主要体现在猫咪的皮肤上。

头呈楔形

耳郭硕大，基部宽，双耳间距小

尾巴像长鞭一样弯曲

眼睛大而圆

四肢细长

身体为暗灰色，颜色均匀

体形中等，皮肤褶皱多，且富有弹性

原产地：加拿大 | 长毛异种：无 | 寿命：9~15岁 | 个性：感情丰富

181

蓝白色猫

　　加拿大无毛猫不仅以光溜溜、看似无毛的外表著称于世，而且以性情温顺、聪慧谦逊、感情细腻而闻名。它们有着笑容可掬的面孔和一双表情丰富的大眼睛，很受人们欢迎。

主要特征：蓝白色猫的皮肤是蓝白双色的，蓝色皮肤主要分布在头上部、背部、尾巴处，白色皮肤主要分布在身体下部，如下巴、胸部、腹部、四肢腹面等。除了毛发稀疏，这种猫还有一个很明显的特征就是皮肤有褶皱，尤其是头部褶皱较多。它们属于中型猫，肌肉发达，胸深背驼，腹部紧凑不上收；四肢细长，骨骼纤细，前肢略短于后肢；尾巴细长，呈锥形微微弯曲上翘。头较小，上宽下窄，颧骨突出；耳朵高耸于头顶两侧，大而直立，尖端稍圆，微前倾；眼睛大而微突，多为蓝色和金黄色；鼻子中等长度。

两颊瘦削

腹部紧凑
不上收

眼睛大而突出

背较驼

皮肤为蓝白双色

四肢细长，骨骼纤细，
前肢略短于后肢

头较小，上宽
下窄，呈楔形

身体肌肉发达

耳朵高耸于头顶两
侧，大而直立，尖
端稍圆，微前倾

皮肤多皱褶

饲养指南： 这种猫多汗，皮肤还比较喜欢出油，所以主人要记得经常给它们洗澡、护理皮肤。因为毛发稀疏，它们还比较怕晒，和人一样，如果在太阳底下暴晒，它们的皮肤也会晒黑。因此主人要注意为猫咪防晒，外出时可以给它们涂抹防晒霜。此外，这种猫肠胃也比较弱，主人应该为它们准备适合的猫粮，并时刻关注它们的排便情况。

小贴士： 刚出生的幼猫皮肤上的褶皱明显多于成年猫，并布满了柔细的胎毛，随着年龄的增长，大部分猫咪的胎毛逐渐脱落，只剩一些绒毛残留于头部、四肢、尾巴和身体的末端部位，其他部位基本无毛。虽然它们毛发稀少，但它们的手感并不差，摸上去像是细腻的小山羊皮，加上它们体温较高，抱在怀里就像抱着一个柔软的热水袋。

颧骨突出

后肢肌肉发达

长尾巴至尾
端逐渐变细

原产地：加拿大	长毛异种：无	寿命：9~15岁	个性：感情丰富

蓝色猫

论智商的话，加拿大无毛猫无疑是猫咪中的佼佼者，它们出生后，认知能力就不断发展，6个月后即能达到人类2~3岁时的智力水平，之后便一直维持在这个水平上。

主要特征： 蓝色猫的身体颜色为中等深度的纯蓝色，颜色分布也比较均匀。这种猫肌肉坚硬发达，骨骼中等强度；颈部中等长度，肌肉发达；胸部近似筒形；腹部圆鼓鼓的。

饲养指南： 一般来说，流浪猫、幼猫、散养猫和抵抗力弱的猫咪比较容易感染寄生虫。猫咪寄生虫分为体内寄生虫（蛔虫、弓形虫等）和体外寄生虫（跳蚤、蜱虫等），这些寄生虫不但影响猫咪的健康，对人类也有不利影响，因此主人一定要重视这个问题。猫咪出生7周后就可以驱虫，之后最好每个月为它进行体内、外驱虫。

耳郭硕大，耳朵稍微前倾

脚掌大，呈椭圆形

小贴士： 在动物界中，无毛是一种比较罕见的现象。加拿大无毛猫的无毛性状是其体内特定的隐性基因表达的结果，而不是近亲繁殖造成的身体缺陷。这种猫繁殖比较困难，幼猫的死亡率也比较高，因此数量非常稀少，是官方认定的稀有品种。

头部略宽，呈楔形

脸颊瘦削

尾巴细长

眼睛稍微外突

脸部、耳朵、脚掌和尾巴处长有细小绒毛

| 原产地：加拿大 | 长毛异种：无 | 寿命：9~15岁 | 个性：感情丰富 |

蓝玳瑁色猫

加拿大无毛猫比较黏人，智商也高，能判断人的情绪，还能与人互动，不会像别的猫咪那么高冷，加上毛发较少，不爱掉毛，非常适合对猫毛过敏的爱猫人士饲养。

头呈楔形

颈、胸、腹部没有颜色

主要特征： 蓝玳瑁色猫的蓝色与乳黄色的肤色分布均匀，被毛稀疏，身体末端的绒毛最为明显。

饲养指南： 健康的猫咪一天大便1~2次，如果肠道堵塞或粪便干硬，猫咪就有可能便秘。当发现猫咪便秘时，主人首先要搞清楚原因，造成猫咪便秘的因素有很多，比如年龄较大、饮食不当、饮水量不够、缺乏运动、体内有毛团、肠道堵塞等。知道原因后就可以对症下药了，如饮食不当，可以换猫粮，或者在猫粮中增加麦麸，等等。如果主人无法有效判断引起便秘的原因，就要及时将猫咪送到宠物医院做专业的检查。

小贴士： 据英国媒体报道，加拿大无毛猫一直被称为猫咪中的"调味品"，人们对这种猫咪的观感呈两极化，有些人很喜欢，认为它们是讨人喜欢的小精灵，有些人很讨厌，觉得它们看上去很丑。无论如何，这种猫已经逐渐被人们认识，越来越多的人开始喜欢它们。

眼睛为橘黄色，两眼间距宽

四肢细长

硕大的耳朵直立在头顶

身体背部斑纹明显

尾尖有适量绒毛

身体修长

| 原产地：加拿大 | 长毛异种：无 | 寿命：9~15岁 | 个性：感情丰富 |

红色虎斑猫

加拿大无毛猫有强烈的表现欲，在猫展中它们永远是众人关注的焦点，在家中，它们也喜欢随时被主人关心。如果主人忽视了它们，它们会想方设法重新吸引主人的注意。

主要特征： 红色虎斑猫的身体基色为带粉红色的乳白色，头部有"M"形的斑纹，尾巴处有完整的环纹。这种猫的站立姿势比较独特，前脚掌抬起时，身体下方会向后弯曲。

饲养指南： 猫咪怀孕时，主人要把猫咪的猫粮换为孕期和哺乳期的专门猫粮，同时可以将钙片、营养片碾碎拌进猫粮，以增加猫咪的营养。

小贴士： 这种猫的母猫每年发情不超过2次，而且幼猫的死亡率较高，属于比较难繁育的猫咪，因此售价相对较高。

头呈楔形
眼睛大而圆
背部稍驼

前额有明显的"M"形虎斑斑纹
耳郭硕大，基部宽，双耳间距小
尾巴上有完整的环纹

| 原产地：加拿大 | 长毛异种：无 | 寿命：9~15岁 | 个性：感情丰富 |

浅银灰色猫

如今，繁育者已经培育出了各种颜色和斑纹的加拿大无毛猫，但无论是哪种花色的猫咪，它们眼睛的颜色应与体色相称。

主要特征： 浅银灰色猫的头部、四肢、尾巴及背部泛有银灰色光泽，身体下部几乎为白色。

饲养指南： 猫咪一般都比较抗拒主人给它剪趾甲，平时，主人在抚摸猫咪时要有意识地握住它们的前脚掌，然后轻轻揉捏，让猫咪习惯主人对前脚掌的抓握，这样一来，在给它们剪趾甲时，它们就不会过于抗拒了。

小贴士： 加拿大无毛猫非常爱干净，经常清洁自己的皮毛，饭后会用前脚掌洗脸，被人抱过会舔毛，不要小看舔毛这个动作，这能使猫咪的皮毛发光，而且不易被水打湿，夏天的时候还能起到降温的作用。

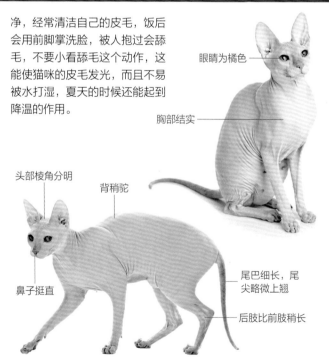

眼睛为橘色
胸部结实

头部棱角分明
背稍驼
鼻子挺直
尾巴细长，尾尖略微上翘
后肢比前肢稍长

| 原产地：加拿大 | 长毛异种：无 | 寿命：9~15岁 | 个性：感情丰富 |

淡紫色白色猫

加拿大无毛猫越年轻，脸就越圆，皮肤上的褶皱就越多，尤其是头上的皱纹非常多，看上去像个小老头。

主要特征： 淡紫色白色猫身体背部、前额、后肢、尾巴上分布有淡紫色绒毛，身体下部及吻部为白色，头部和尾部绒毛最为明显。这种猫耳内也是无毛的，耳外缘下部和耳背处允许有少量绒毛。它的颈部曲线也比较有特色，颈部从头底部到肩部连成极具力量感的拱形曲线，公猫此处更强壮。与公猫相比，母猫的体形看上去更纤细。

饲养指南： 这种猫毛发稀薄，因此更容易出现皮肤问题，如身上容易长红疹子，原因可能是过敏、内分泌紊乱、微生物感染等。主人若是发现猫咪身上长了红点，且长时间不消散，就需要带猫咪去宠物医院接受专业的检查和治疗。

小贴士： 一开始繁育加拿大无毛猫这个品种时，繁育者用了 30 多年的时间，将它们培育成有普通被毛的样子，之后再将它们培育成无毛猫。这么做是为了扩大这种猫的基因库，丰富它们的基因，以避免猫咪出现严重的遗传疾病和健康方面的问题。

前额有少量条状斑纹

鼻子呈粉红色

长尾巴至尾端逐渐变细

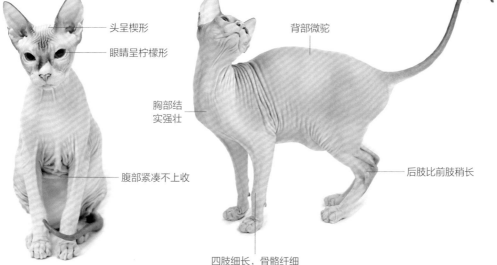

头呈楔形

眼睛呈柠檬形

背部微驼

胸部结实强壮

腹部紧凑不上收

后肢比前肢稍长

四肢细长，骨骼纤细

原产地：加拿大	长毛异种：无	寿命：9~15岁	个性：感情丰富

乳黄色猫

加拿大无毛猫非常聪明，除了能学会许多基本的生活技能外，还能学会一些有趣的小把戏，比如转圈、装"死"等。有时，它们能通过观察人类的动作学会自己开、关门。

主要特征： 乳黄色猫的身体基色为乳黄色，身体中等大小，皮肤多皱而富有弹性，肌肉发达，腹部略鼓；四肢细长，骨量中等，后肢比前肢长；脚掌中等大小，呈椭圆形，脚趾细长且突出，掌垫比其他猫咪厚实。

饲养指南： 加拿大无毛猫喜欢和人相处，性情细腻敏感，如果主人总是训斥它，会让它感到难过，并渐渐疏远主人。

小贴士： 这种猫体形太小或太瘦；骨骼纤细；头部缺少皱纹；头部较窄，侧面轮廓笔直；踝关节以上部位有较多的毛发，等等，都属于失格。

头部宽大，呈楔形

鼻周有黑色框

眼睛大而微突，呈柠檬形

耳郭硕大，耳朵直立

脸颊瘦削

尾巴细长

脚掌呈椭圆形

原产地：加拿大	长毛异种：无	寿命：9~15岁	个性：感情丰富

巧克力色猫

加拿大无毛猫是各种猫展上冠军领奖台的常客，虽然它们已经存在了很长时间，但是直到1998年才被国际爱猫联合会承认并注册，2005年被国际猫协会认定为稀有品种。

主要特征： 巧克力色猫的身体颜色为暖色调的巧克力色，鼻子和吻部颜色较深，看上去有点像重点色猫。它的头呈楔形，长度略大于宽度，前额平坦，颧骨突出，须垫明显，下巴结实。

饲养指南： 加拿大无毛猫的体温比其他品种的猫咪高了4℃，因此需要不断进食才能维持正常的新陈代谢，这一点需要主人特别注意，猫咪的猫粮要给足。

小贴士： 加拿大无毛猫性格温和、老实、忠诚、忍耐力较强，有的行为比较像狗狗，一叫它的名字，它就会像小狗一样跑过来。

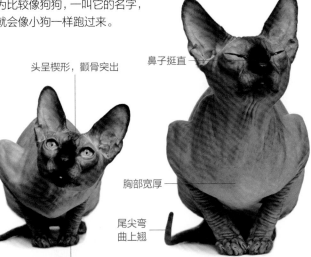

耳朵高耸于头顶，耳尖稍圆

鼻子挺直

头呈楔形，颧骨突出

胸部宽厚

尾尖弯曲上翘

头部、四肢皱纹明显

原产地：加拿大	长毛异种：无	寿命：9~15岁	个性：感情丰富

奥西猫

又称欧西猫

奥西猫兼具野猫的精悍和家猫的沉稳。它们是 20 世纪 50 年代的后半期开始，由美国的繁育者用阿比西尼亚和暹罗猫、美国短毛猫等品种杂交培育出的猫咪，是比较新的品种。早在 1964 年，它们就出现在猫展上，支持和反对者都不少。此后又经过 10 年的血统管理，终于被认可。它们友善而机警，是很好的家庭宠物。

普通猫

奥西猫既不粗壮也不像东方猫那般苗条，属于中等体形。除尾尖以外，整个被毛上都带有条纹，全身有明显的斑点图案。

主要特征： 这种猫的眼睛、下巴和身体下方颜色较浅，头、四肢和尾巴上的斑纹颜色较深。

饲养指南： 奥西猫感情丰富，不能忍受孤独，因此主人要多抽时间陪伴它，也可为它找一个玩伴。

血统与起源： 20 世纪 60 年代，美国密歇根州的一位繁育者用暹罗猫与阿比西尼亚猫交配得到一只母猫，再用这只母猫与一只巧克力色重点色公猫交配，它们生育的幼猫中有一只公猫有着象牙色的被毛和金色斑点，看上去很像豹猫，可惜这只公猫被阉割了。后来其他繁育者受到启发，用阿比西尼亚猫、暹罗猫、斑点东方短毛猫和美国短毛猫等品种杂交选育，最终培育出奥西猫。

耳朵长有饰毛

被毛浓密、顺滑

前额有"M"形虎斑斑纹

脚掌呈椭圆形

外眼角稍斜向耳朵

吻部略呈方形

体形中等，具有重量感

小贴士： 在脱毛期，它们身上的斑点图案会变得不清晰。新生幼猫外貌像小豹子。

四肢强壮有力

| 原产地：美国 | 长毛异种：无 | 寿命：12~17 岁 | 个性：友善而机警 |

巧克力色猫

奥西猫看上去很像豹猫，极富野性美，但实际上它们非常友善，而且感情丰富，喜欢和人相处，不但能和自己的主人建立很深的感情，很喜欢孩子，对来家里做客的陌生人也很友好，是非常讨人喜欢的猫咪。

主要特征： 巧克力色猫除尾尖外，全身皆布满富有光泽的巧克力色斑纹。它的被毛短，平滑而浓密。这种猫是中到大型猫，体形与阿比西尼亚猫相似，但更大，肌肉发达，骨骼粗壮，具有重量感，成年猫体重可达 5~7 千克；四肢中等长度，粗壮而肌肉发达，脚掌大，呈椭圆形；尾巴长，根部略粗，尖端渐细。

饲养指南： 奥西猫对人很友善，但对其他猫咪并不友好，主人要注意看好自己的猫咪，不要让它们因打架而受伤。这种猫非常活泼好动，不喜欢孤独，主人最好能多抽时间陪伴它们，还可以在家里放置猫爬架，并准备一些小玩具，以供它们玩耍，排遣寂寞。

全身布满明显的斑点

外形强壮有力

侧腹平坦

尾巴略长，根部较粗

前额有"M"形虎斑斑纹

耳朵大，长有饰毛

头部大小适中，呈楔形

脚掌大，呈椭圆形

四肢布满斑纹

小贴士： 1986 年，国际爱猫联合会正式承认奥西猫；1988 年，国际猫协会公布了奥西猫的品种标准。这种猫在美国很受欢迎，但在其他地区还不是很多见。

| 原产地：美国 | 长毛异种：无 | 寿命：12~17 岁 | 个性：友善而机警 |

银白色猫

奥西猫既有野猫机警、强悍的特质，又有家猫沉稳、驯服的性情，是一种极富魅力的猫咪，加上它们对人友善、温柔，因此越来越受到人们的欢迎。

主要特征： 银白色猫被毛的底色为银白色，斑纹为黑色，斑纹轮廓清晰，与底色形成鲜明的对比。奥西猫身体上除少数部位外，都布满斑纹，四肢、脸部和尾巴的斑纹颜色较深，额头有"M"形虎斑斑纹，颈部周围和四肢的线纹断裂成为斑点。这种猫的头部中等大小，呈楔形；耳朵中等大小，两耳间距较大；眼睛大，呈杏仁形，眼角稍微吊起，双眼间距略大；吻部宽，略呈方形；颈部有优美的拱形曲线。

前额有"M"形虎斑斑纹

下颚强壮

尾巴较长

眼睛大，呈杏仁形

被毛短而平滑

四肢健壮

饲养指南： 奥西猫的被毛很好打理，只需要偶尔梳理一下、洗洗澡就可以了。不过梳理被毛对猫咪很重要，能帮助猫咪保持整洁，还能促进血液循环，提高身体免疫力，让猫咪的身心都得到很好的抚慰，因此主人要重视梳毛。

小贴士： 奥西猫的英文名字是"ocicat"，由"美洲豹猫（ocelot）"和"意外得到的猫咪（accicat）"两个单词组合而成。

眼线自眼角延伸至面颊

被毛底色为银白色，斑纹为黑色

原产地：美国	长毛异种：无	寿命：12~17岁	个性：友善而机警

塞尔凯克卷毛猫

又称披着羊皮的猫

塞尔凯克卷毛猫出现得非常晚，1987 年，第一只拥有类似的卷毛基因的猫咪被繁育者杰瑞·纽曼发现，喜爱研究遗传基因的他将这只猫咪跟波斯长毛猫交配，培育出第一只塞尔凯克卷毛猫。之后又经过十几年的配种改良，它们终于在 2000 年被国际爱猫联合会认可。塞尔凯克卷毛猫活泼好动，贪玩，喜欢与人亲近，而且声线柔和，给人温顺乖巧的感觉，是理想的伴侣宠物。

玳瑁色白色猫

塞尔凯克卷毛猫给人印象最深刻的就是它们身上又长又浓密、仿佛烫了"羊毛卷"的被毛了，这种被毛来自基因突变，因此十分罕见。

主要特征： 玳瑁色白色猫被毛的白色毛区主要分布在身体下部；被毛上玳瑁图案清晰，可以分布在被毛的任何位置；脸上多有面斑。这种猫是大型猫，身体厚实、平直，全身被毛都是卷曲的，胸部、腹部、尾巴处的被毛卷曲得尤其明显，甚至连胡须都是卷卷的。

饲养指南： 不能给猫咪吃太咸或太油的食物，猫咪最好的食物是天然猫粮、蒸鸡胸肉和蒸小鱼等，如果要使猫咪的毛发更有光泽，可以给它适量喂食三文鱼或海藻。

头大，呈圆形

吻部短且方

两颊饱满

耳朵中等大小，两耳间距宽

背部玳瑁图案清晰可见

眼睛呈金黄色

颈部、腹部及四肢有少许白毛

尾毛较蓬松

小贴士： 在参展评判时，塞尔凯克卷毛猫被毛的品质比颜色和花纹更重要，后两者基本不受限制，只要花纹的清晰度够高即可。此外，该品种的猫咪要求眼睛的颜色和被毛颜色要相配。

原产地：美国 | 长毛异种：玳瑁色白色长毛塞尔凯克卷毛猫 | 寿命：13~18 岁 | 个性：友善

白色猫

在繁育时，塞尔凯克卷毛猫可以和任何其他品种的猫咪进行杂交，比如和英国短毛猫、美国短毛猫、东方短毛猫及波斯长毛猫等交配，但是不允许和柯尼斯卷毛猫、德文卷毛猫杂交。

主要特征： 白色猫的全身被毛为纯白色，没有杂色毛。这种猫被毛卷曲丰富，外层护毛较粗糙，底层绒毛、芒毛和胡须都呈卷曲状。它的体形较大，骨骼粗壮，既具有力量感，又具有重量感，看起来非常敦实。

两耳间距宽，耳内多饰毛

吻部短且方

颈部短

全身被毛为纯白色，没有杂色毛

尾巴较粗，尾毛浓密

饲养指南： 塞尔凯克卷毛猫的被毛卷曲又浓密，容易打结，长时间不梳理，还会粘结成毡片，既影响美观，也影响猫咪的健康，因此主人一定要经常为猫咪梳理被毛，以一天两次为宜，每次15~20分钟。若是遇到打结的毛发，主人可用手指轻轻地将结解开，切忌拿梳子用力梳理。此外，这种猫的皮肤还比较爱出油，主人也要经常给它洗澡。需要注意的是，这种猫的胡须很脆弱，容易折断，主人给猫咪梳理被毛时要尽量避开胡须。

小贴士： 塞尔凯克卷毛猫的卷毛基因为隐形基因，所以有时会生出塞尔凯克直毛猫。

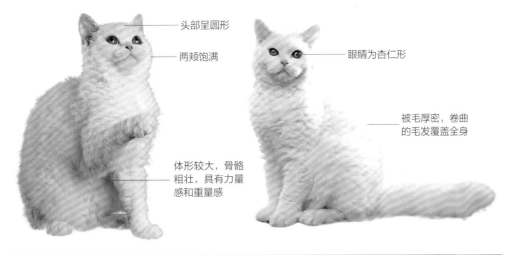

头部呈圆形

两颊饱满

眼睛为杏仁形

被毛厚密，卷曲的毛发覆盖全身

体形较大，骨骼粗壮，具有力量感和重量感

原产地：美国　｜　长毛异种：白色长毛塞尔凯克卷毛猫　｜　寿命：13~18岁　｜　个性：友善

淡紫色猫

　　塞尔凯克卷毛猫被毛的卷曲程度和气候、季节、性激素水平相关，对于母猫来说尤其如此。母猫比公猫略小，但外形差别不大。

主要特征： 淡紫色猫卷曲的毛发覆盖全身，呈波浪状，被毛颜色为带粉红色的浅灰色。这种猫体形壮实，躯干接近长方形，肌肉发达，骨骼粗壮。它们的头大而圆，脸颊饱满；耳朵中等大小，耳基部宽，两耳间距较大；眼睛比较大，眼角稍微吊起；吻部较圆，须垫明显；鼻梁处有凹陷。

饲养指南： 如果要带猫咪出门，主人要为它们戴上项圈和牵引绳，因为猫咪不像狗狗那么愿意跟随主人，可能主人一撒手，猫咪就跑得无影无踪了。此外，猫咪也不那么喜欢走路，主人最好带上猫包，当猫咪不愿走路时，可以把它放到包里。

须垫饱满，略呈方形

四肢骨骼强壮，肌肉发达

耳朵间距大

眼睛为杏仁形

被毛厚密、卷曲，呈波浪状

颈部及腹部的被毛卷曲更为明显

两颊丰满

颈部粗短

体形壮实，躯干接近长方形

血统与起源： 1987 年，在美国蒙大拿州，一只非纯种母猫生了一窝小猫，其中有一只蓝乳白色母猫引起了繁育者的注意，这只小母猫长了一身卷曲的被毛，胡须和耳饰毛也是卷曲的。繁育者拿黑色波斯长毛猫与这只小母猫交配，又产下一窝小猫，其中有 3 只小猫具有卷曲的被毛，小母猫的主人以自己继父的名字塞尔凯克为这种猫咪命名，一个新品种猫咪——塞尔凯克卷毛猫就此诞生。

头大且圆

脚掌大而圆

耳内有饰毛

下巴结实，发育良好

小贴士： 这种猫出生时被毛就呈卷曲状，但这些毛在约 6 个月大时会脱落，猫咪会进入一个尴尬期。处于尴尬期的猫咪被毛杂乱，脸也不怎么好看，看上去丑丑的。要到 8~10 个月大时，它们开始长出独特的厚密卷毛，等到约 2 岁的时候，漂亮的卷毛才能完全成型。

尾巴粗，尾尖为圆形

原产地：美国	长毛异种：淡紫色长毛塞尔凯克卷毛猫	寿命：13~18 岁	个性：友善

蓝灰色猫

塞尔凯克卷毛猫属于体形大、骨架重的品种，它们四肢粗短，被毛厚实，身体显得胖嘟嘟的，加上它们长着一张"娃娃脸"，看上去就像毛绒玩具一样可爱。

主要特征： 蓝灰色猫的被毛颜色为蓝灰色，头部和四肢的颜色要浅一些，鼻子颜色较深，和头上被毛的颜色形成鲜明对比。这种猫最显明的特征是全身被毛松软卷曲，浓密丰厚，颈部、胸部、腹部和尾巴上的被毛尤其卷曲，耳内饰毛也是卷曲的，背部被毛则较平直。

饲养指南： 这种猫的学习能力很强，记忆力很好，主人可以教它们一些生活技能，以帮助它们养成良好的生活习惯。

小贴士： 塞尔凯克卷毛猫于1990年被国际猫协会正式承认，2000年又被国际爱猫联合会认可，之后逐渐受到人们的重视。

眼睛为杏仁形

胡须卷曲

尾毛浓密

颈部有白色"围兜"

鼻子颜色较深

两耳间距宽

头部和四肢毛色较浅

身体显得有些胖

| 原产地：美国 | 长毛异种：蓝灰色长毛塞尔凯克卷毛猫 | 寿命：13~18岁 | 个性：友善 |

蓝白色猫

塞尔凯克卷毛猫活泼大方、温顺可爱，能与其他宠物和睦相处。它们还很黏人，适合有孩子的家庭饲养，它们会是孩子的好伙伴。

主要特征： 蓝白色猫被毛上的蓝色毛区和白色毛区界限分明，轮廓清晰，颜色对比明显，被毛图案对称的为佳品。这种猫头部和身体的线条都比较圆润，肩部和臀部几乎一样宽；四肢中等长度，较粗壮，脚掌大而圆，脚趾结实紧凑；尾巴中等长度，根部较粗，尾毛浓密卷曲。

饲养指南： 这种猫脸部的被毛也较浓密，主人要注意及时清理猫咪的泪腺。

小贴士： 塞尔凯克卷毛猫由于基因的突变导致每根毛发都有温和的卷曲度，整体外观给人一种柔软的感觉。

头部宽而圆

两颊丰满

眼睛为杏仁形，金橘色

耳间距宽，耳内多饰毛

被毛图案基本对称，毛厚，如丝绒般细腻

| 原产地：美国 | 长毛异种：蓝白色长毛塞尔凯克卷毛猫 | 寿命：13~18岁 | 个性：友善 |

曼赤肯猫

又称曼基康猫、曼奇肯猫、矮脚猫、腊肠猫

　　曼赤肯猫是自然演变出来的侏儒品种猫咪，它们四肢肥短，站着也像蹲着一样，走起路来就像在匍匐前进，憨态可掬，十分可爱。学者研究发现，这种猫出现短腿的性状是由于它们显性基因的突变影响了四肢的长骨，这样的突变自然地发生在猫咪的染色体上，有这种基因突变的猫咪将会显示出短腿的特征。

淡紫色猫

　　曼赤肯猫外表可爱迷人，聪明伶俐，亲切友善，非常贪玩，能与人亲密相处，如今受到越来越多爱猫人士的追捧。

主要特征：淡紫色猫的被毛颜色为略带粉红色的浅灰色。曼赤肯猫中等大小，身材偏胖，外形看上去像一个脚凳。它的头部为中等大小，略圆；脸颊较宽，眼睛为大大的核桃形，眼角稍微吊起。与成年猫相比，幼猫的眼睛更圆，被毛的颜色更浅。

饲养指南：这种猫的短腿是基因突变的结果，并非疾病或缺陷，并不会对猫咪的健康造成不良影响。主人唯一要注意的是，得好好控制它们的体重，不可养得过胖，否则猫咪容易出现疝气，同时也会增加它们患关节炎的风险。

耳朵为大三角形，基部较宽

毛色均匀

小贴士：虽然四肢肥短，但这完全不影响曼赤肯猫的日常生活，反而让它们行动起来更灵活，奔跑起来，动作十分敏捷。

吻部突出

颈部较长

躯干呈圆筒形，较长，身体线条柔和

四肢短小

身体重心较低

| 原产地：美国 | 长毛异种：淡紫色曼赤肯长毛猫 | 寿命：13~18岁 | 个性：活泼、好奇心强 |